琥珀之書

Amber

積木文化

琥珀之書

傳承萬物記憶、透視歷史風貌的永恆傳奇

Amber：From Antiquity to Eternity

瑞秋・金（Rachel King）

目次

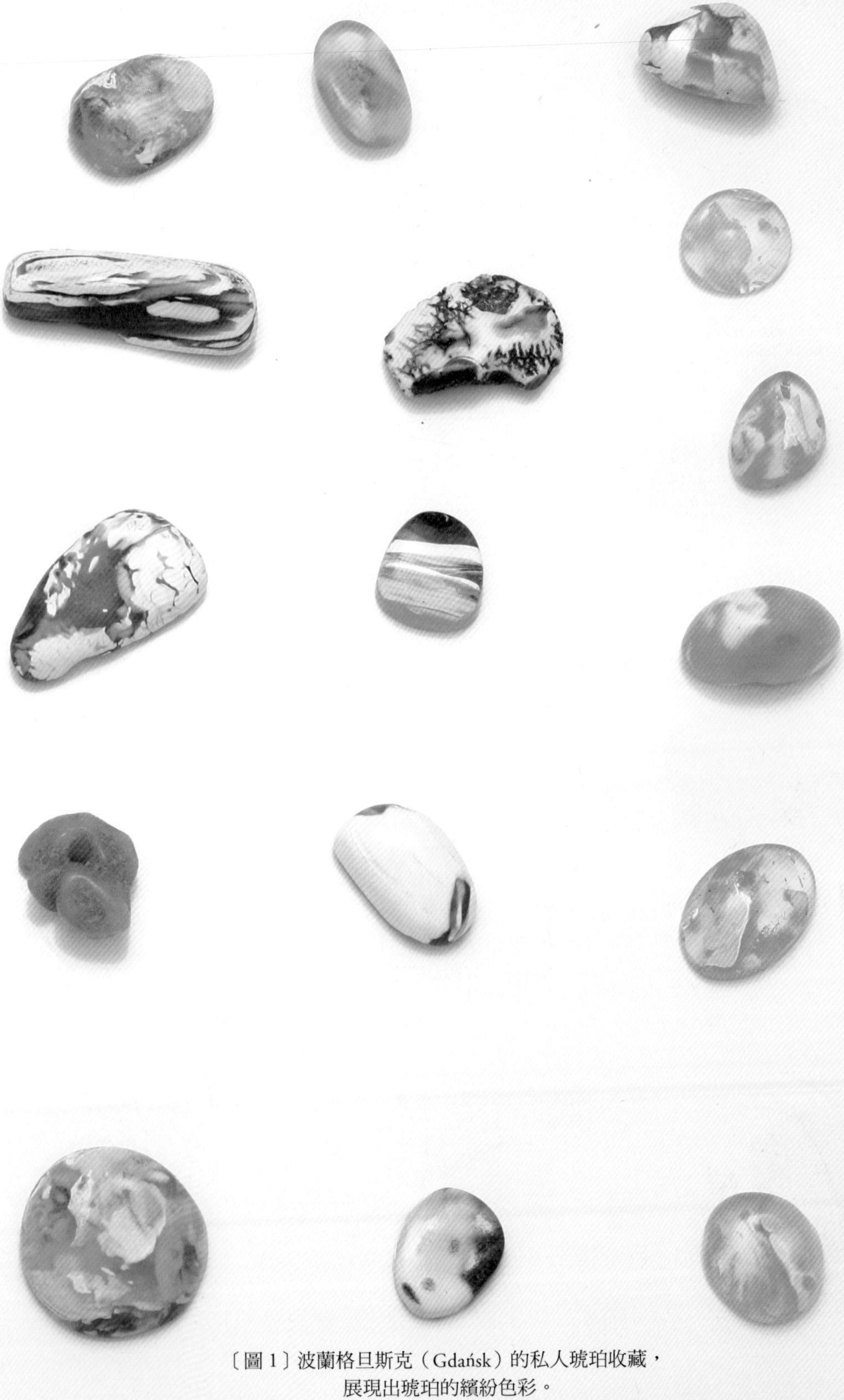

〔圖 1〕波蘭格旦斯克（Gdańsk）的私人琥珀收藏，
展現出琥珀的繽紛色彩。

〔圖 2〕著名的琥珀與亞化石樹脂礦床。本書討論以地圖標示地點為主。

第一章

琥珀：何物、何時、何地？

跟人描述琥珀時，我通常會從哪裡開始呢？答案是顏色。我發現，一般人對琥珀的一種或多種色調有一定的認識：淡黃色、蜂蜜色、焦糖色、櫻桃色、紫紅色，甚至咖啡色。許多人對金色琥珀很熟悉，因此將琥珀用作一種描述詞時，人們都能想到差不多的顏色。無論是名詞還是形容詞，「琥珀」一詞讓人聯想到清晰、溫暖、拋光、透明與美麗（圖1）。幾千年來，人類一直探究琥珀對感官所造成不可抗拒的吸引力。本書講述的是圍繞著琥珀的魅力與興奮，以及它如何吸引各個時代、各種背景的人們，同時也是琥珀歷史的研究三問：它是何物？它為什麼是這樣的？它從何而來？

許多涉及琥珀的現代文獻都側重於這種迷人材質的某些層面。這些作品提出並回答了特定的問題，通常與作者的背景或所配合的展覽目的有關。近年來，琥珀專著的數量有所增加。然而，大多數仍然採取傳統手法，也就是將資訊集結在獨立章節，沒有經過融合、比對與交織。本書各章節旨在結合不同的理解與方法，展現人類與琥珀互動經驗的豐富性、持久性與深度。它們勾勒出複雜的想法、個人故事、政治與學術爭議、國家認同與個人身分的問題，也觸及宗教、藝術、文學、音樂和科學中的琥珀。

數世紀以來，現在所謂北方世界（Global North）的琥珀歷史，一直是以英語和其他歐洲語言的琥珀故事為主。近幾十年來，愈來愈頻繁地發現新的琥珀源頭，世界各地的琥珀研究也迅速發展起來。本書將研究範圍進一步擴大到非洲、亞洲、中南美洲與澳大拉西亞（Australasia），揭露了人類與琥珀互動的悠久歷史，凸顯人類涉入的共同特徵與獨特之處。本書可以說是一個檢驗傳統琥珀歷史界限的審慎嘗試，也意圖重新想像在二十一世紀之際，訴說這種迷人材料的故事有何意義。各位在閱讀間會清楚看到，我們無可迴避棘手的倫理道德問題。這些議題不但形塑了人類今日與琥珀如何產生關聯，也影響著琥珀的未來。

定義琥珀

在世界歷史中，琥珀從來沒有一個統一的定義，在琥珀的研究範圍中，也不可能有它的單一定義。自從人類知道琥珀的存在以來，似乎一直對它的性質感到疑惑。無法清楚俐落地定義琥珀，一直是人類面對它的諸多挑戰之一。綜觀歷史，隨著知識標準本身的轉變，人類對琥珀的理解也發生非常大的變化。早在十六世紀，德國醫師蓋歐克．鮑爾（Georg Bauer，筆名為 Agricola）就表示，「關於琥珀可能是什麼，人們的看法各異，不比它的名稱來得少。」[1]一個人如何稱呼琥珀，以及如何談論琥珀，不僅取決於所使用的語言（英文是amber、立陶宛語是gintaras、德文是bernstein、中文是琥珀），也取決於腦海中的素材與講者本身的文化背景。在英文的一般用語，amber一字可以用來指稱好幾種外觀相似但差異極大的物質，它們來自全球許多產地，生成時間從三億兩千萬年前，一路至不到兩百五十年都有。[2]當然，在各種看法之中，有時也會出現廣泛共識。《大英百科全書》（*Encyclopedia Britannica*）從科學角度為琥珀下定義，尤其是它與地球科學、時間歷史及化石的關係。換句話說，這是地質學家、植物學家與有機化學家等專業領域的定義：琥珀是樹脂經過漫長地質年代後形成的化石。事實上，它就是一種古老的樹脂。

年輕樹脂與老樹脂

樹木在受傷時會產生樹脂，所謂的受傷可以是火災、氣候及環境破壞、疾病或蟲害。這是樹木密封傷口的自然方式（圖3）。在植物分泌的所有物質中，只有樹脂可能成為琥珀。然而，並不是所有樹脂都會化石化，因為化石化過程（指曾經的生命體或其痕跡保存下來的過程），只有在樹脂分子完全鏈接與交叉鏈接，也就是聚合（polymerize）時才會發生。這個化學變化的過程始於樹脂被擠出並照到光線的那一刻，並隨著樹脂的成熟而繼續進行，通常同時會被土壤或沉積物掩埋，受到當地環境的不同元素、溫度與壓力，以及其中的氧氣含量所影響。這個成熟的過程有時稱為琥珀化（amberization），當物質失去所有揮發性成分並變得完全穩定時，琥珀化的過程就會結束。令人困擾的是，樹脂本身以及它所夾帶的植物與動物殘骸，都稱為化石。

剛硬化的年輕樹脂稱為柯巴樹脂（Copal）。此字源自納瓦特爾語（Nahuatl）的「Copalli」，如同琥珀，其間也有著複雜的歷史。在前哥倫布時代的中美洲，這個詞在當地有特定的意涵。在過去五百年間，這個詞已經擴展到泛指各種亞化石樹脂。柯巴樹脂的分子為不完全交叉鏈接，有些仍具有揮發性。一滴酒精就會讓柯巴樹脂表面變得

〔圖 3〕從樹幹滲出的樹脂。攝於蘇格蘭中洛錫安郡（Midlothian）達爾基斯郡立公園（Dalkeith Country Park）。

黏稠，火焰也會使之熔化。柯巴樹脂可以拋光，但很快就會隨著剛暴露的油、酸、酒精和揮發性芳香成分的蒸發，而產生裂紋和爆裂。若是柯巴樹脂留在土壤中，而且環境條件合適，這些成分就會逐漸流失。琥珀其實有非常多種，因為硬度表上任何一種東西都可以或有可能，在某個時刻被視為琥珀。從文化與歷史的角度來看，琥珀是一個範圍很廣的通稱，包含許多在科學來講確實互異並擁有黃色色澤的樹脂。

柯巴樹脂何時完全成熟為琥珀，其實沒有一個確切特徵。年齡自然會增加成熟度，但是成熟的速度取決於樹脂的原始組成成分和地質條件。這些條件在不同時期並不總是一致。雖然有些琥珀是在生成地發現的，但許多發現地點距離樹脂生成位置很遙遠。一般認為部分礦床是樹脂液沖刷到溪流並被帶走、堆積起來而產生的。它們掉落在三角洲與潟湖等淺水與水流緩慢的地區，並被沉積物和淤泥掩埋。也有人認為，有時被水帶走的樹枝與樹幹內的樹脂液也會有類似的轉化（圖4）。[3]在另一種情況下，已經化石化的琥珀也可能在原始環境受到侵蝕，並被冰川搬運到新的地點。

波羅的海的琥珀

對大多數歐洲人，特別是對北歐人來說，琥珀在歷史上一直是一種來自波羅的海地區的樹脂化石。波羅的海擁有世上最大的琥珀礦床之一，面積相當於大不列顛島西南方的威爾斯（Wales）。波羅的海琥珀也是開採時間最長，並最具科學、文化與經濟意義的礦床。據估計，在歐洲交易的琥珀約有九成來自波羅的海，在多明尼加琥珀與緬甸琥珀於二十世紀逐漸打開知名度之前，波羅的海琥珀在國際市場一直居於主導地位。

樹脂化石的礦床，其實包含幾處源頭。波羅的海地區出土的主要樹脂化石，其礦物學名稱為琥珀色鈣鋁榴石（Succinite）。此名詞創造自一八二〇年

〔圖 4〕古代琥珀森林的可能景觀。樹上滲出的樹脂會滴到地面與水中。樹木、部分樹木與樹脂液也可能被水流帶走並沉積在下游。

代，來自拉丁文「succinum」（源自succus，意思是果汁）。它專指琥珀酸（succinic acid）含量為三至八%的琥珀。波羅的海琥珀約有九成屬於此類。用紅外線光譜儀測試琥珀色鈣鋁榴石時，其光譜曲線的高峰之一會有一側出現高原波形，稱為「波羅的海肩峰」（圖5）。[4] 然而，同一地區發現的另外約八十種琥珀則幾乎不含琥珀酸。[5] 這些琥珀都有各自的名稱，例如名稱來自波蘭格旦斯克的脂狀琥珀（Gedanite）、以礦業公司史坦帝恩與伯克（Stantien & Becker）為名的黑樹脂石（Stantienite）與伯克樹脂（Beckerite），還有以拉丁文「glaesum」命名的圓樹脂石（Glessite），根據羅馬歷史學家塔西佗（Tacitus）的說法，這是當地用以指稱琥珀的名稱。

琥珀有多老？

儘管名聲響亮，波羅的海琥珀並不是世界上最古老的琥珀。它是由四千八百萬年前到三千四百萬年前的樹脂所形成。最古老的樹脂化石只有微小的痕量（trace quantities），年齡幾乎是前述數字的七倍之多，大約在三億兩千萬年前形成。這種早期琥珀稱為石炭紀（Carboniferous）琥珀，以形成的地質年代為名。

由於放射性碳十四定年的極限是四萬年，所以琥珀本身的年齡無法測量。因此，地層順序等數據便是琥珀定年的重要資訊。然而在許多情況下，年代久遠的老標本其地質與地理來源已不可考。

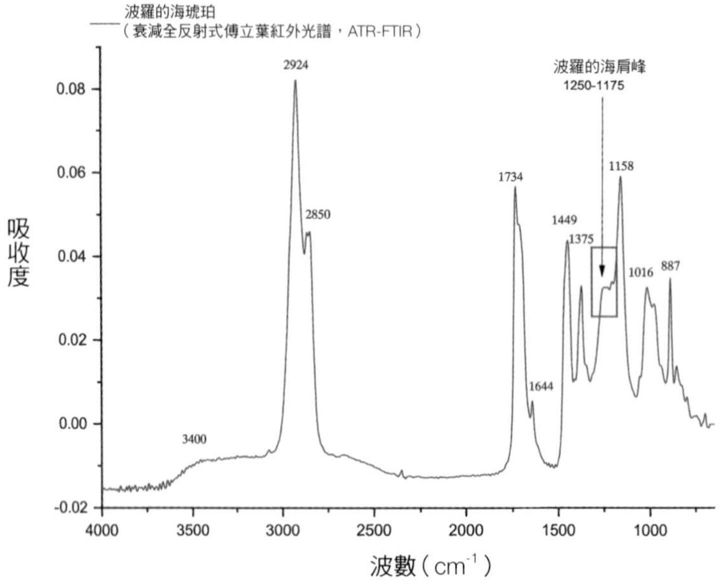

〔圖 5〕波羅的海琥珀的傅立葉轉換紅外光光譜（FTIR）參考光譜，
其中特別強調的是「波羅的海肩峰」（Baltic Shoulder）。

其中的其他生物與顆粒物質可以是有用的線索。細菌與原生動物等生物，以及真菌與植物孢子都曾在約兩億三千萬年前的三疊紀（Triassic）琥珀中發現，不過許多琥珀是在約一億四千六百萬年前至六千六百萬年前形成，也就是在白堊紀（Cretaceous）期間。在白堊紀之前，儘管陸相針葉樹與蘇鐵（cycads，狀似棕櫚且會結毬果的樹木）等植物已經存在，開花植物（被子植物）尚未出現。來自白堊紀與第三紀（Tertiary，六千六百萬年前至二百六十萬年前）的琥珀已經在北美洲、多明尼加、衣索比亞、法國、印度、以色列、日本、墨西哥、紐西蘭、西伯利亞、西班牙與瑞士等地出土。日本琥珀更是包含了海洋生物、昆蟲和羽毛的化石。近年來，緬甸琥珀（Burmite）愈來愈容易取得，人們對這種琥珀的認識越漸深入。古生物學家已經能夠利用琥珀蘊含的許多不同內容物，以及採樣土壤與灰分做放射性定年，重新確定胡岡谷地（Hukawng Valley）礦床的年齡約為九千九百萬年。緬甸琥珀與波羅的海琥珀原本也被認為來自同個時期。

凍結的時間

很少有寶石能像琥珀這般頻繁登上頭條，引起轟動。最近的報導大多集中在緬甸，大肆宣揚「一億年前恐龍尾巴」的重大發現，討論「包裹在琥珀中的古代鳥類翅膀」，以琥珀包藏的蜥蜴化石探索「失落世界」，與發現藏在琥珀內的「滅絕植物物種」。[6] 記者利用諸如遠古、揭開、失落和滅絕等字詞，在在抓住且傳達大眾對神秘琥珀的迷戀。書名們會將琥珀奉為神奇的時間膠囊，歷代作家也都在感嘆困於琥珀的生物無法自述受困歷程的無奈。

這種迷戀完全合理。琥珀的獨特之處，在於它能保存脆弱嬌貴的生物與實體。從肉眼幾乎看不見的細菌到蹲踞的蛙，氣泡、水泡、糞便、礦物，甚至是更早之前滲出的樹脂液等，琥珀可以說是對萬物最一視同仁的終極保存者。在琥珀中發現的證據，基本上是地質紀錄完全比不上的。琥珀保存的軟組織提供了關於細胞與身體化學的潛在資訊。以個體與整體的角度出發，琥珀的內含物可謂地球生命歷史的絕佳展現與令人驚異的資訊來源。[7]因此，琥珀不僅在全球交易頻繁，價格也居高不下，有時甚至不幸地推動了非法貿易與人權侵犯，以及文化和環境的剝削。[8]

全球各地含有昆蟲的已知琥珀礦床有三十多個。這些地方出土了世界已知最古老的蜘蛛、蜘蛛絲、以羽毛為食的昆蟲、菇、蜱與授粉蜜蜂。礦床包含的琥珀保存了原本會消失的生物互動，例如交配的昆蟲、捕食者攻擊獵物、產卵、進食與搭便車的行為等。在德國司徒加特（Stuttgart）的一塊琥珀就發現包裹了約兩百隻昆蟲，分屬二十二個科。

琥珀捕獲的繁華世界提醒著我們，樹脂是廣泛生態系的元素之一。琥珀內含物有助於理解整個大環境的狀況，這並不只是因為它們曾經是其中的一部分。舉例來說，並非所有東西都會被保存下來，某些昆蟲的出現能用來推斷特定植物群的存在。多明尼加琥珀展現了相當的生物多樣性，讓某些科學家認為應該可以藉此重新建構該島的古代森林生態系與氣候。[9]也有部分科學家對這個觀點提出質疑，指出有些琥珀顯然是在特殊條件之下形成的，例如樹脂大量生成（過度分泌）的時期。有的科學家現在認為，在地質紀錄中曾有四次重要的「琥珀大爆發」，其所代表的意義仍有爭論。森林中的優勢樹種會持續滴落樹脂嗎？還是說，大量樹脂是由少數樹木產生？樹脂可以在很長一段時間內穩定累積，還是為了應對壓力，或是對地區或全球事件而突然大量釋放的物質？[10]如果這些答案終有一天能得到確認，將大大影響研究琥珀化石紀錄的方式。

恐龍與DNA

琥珀的特定研究方向則已經確立。一個多世紀以來，人們也試圖從琥珀裡的昆蟲取出生物資訊。一九〇三年，俄羅斯科學家尼可萊・科爾尼洛維奇（Nicolai Kornilowitch）在研究波羅的海琥珀時，曾成功完成了首批嘗試之一。他僅僅以傳統的光學顯微鏡與組織學，就在取自昆蟲的組織中，發現了現代肌肉纖維的典型帶狀圖案。一九八〇年代早期，科學家發表了用電子顯微鏡拍攝的蕈蚊（fungus gnat）組織亞細胞結構圖像——這項研究隨後被廣泛認為對未來研究萃取古代去氧核醣核酸（DNA）的可能性打開了大門。[11]

DNA與恐龍已經成為大眾科學的癡迷。誰沒聽過一九九三年根據麥可・克萊頓（Michael Crichton）同名小說改編的電影《侏羅紀公園》（*Jurassic Park*）？這部電影的情節圍繞著一群試圖讓恐龍復活的科學家。他們使用蚊子胃裡的恐龍血液萃取DNA，這些蚊子在被琥珀吞噬之前沒多久曾經進食。[12]這部電影拍攝之際，世上並沒有包含昆蟲標本的侏羅紀琥珀，也沒有被包裹在恐龍時代琥珀的蚊子。自那時起，只有少數蚊子標本出土。[13]因此，二〇一七年，在一塊九千九百萬年前生成的琥珀中，找到了攀附在恐龍羽毛上的蜱蟲，著實讓人相當興奮。然而即使在昆蟲死後，胃酸仍然會繼續消化，使得DNA太過破碎，而無法進行分析。[14]

科學家也希望能從內含物本身萃取DNA並進行定序。研究人類基因組的科學家可以利用幾乎無限供應的組織與非常完整的ＤＮＡ序列。然而，保存在琥珀化石的ＤＮＡ過於破碎、無序且被降解。試圖讀取與重組已滅絕白蟻的基因組，就好比在沒有讀過文章的狀況下，試著從一堆文字撈出句子來重構一本小說。三十年前，科學家以一項新技術從一種包裹在多明尼加琥珀的已滅絕蜜蜂和一隻白蟻身上萃取、複製與增加其ＤＮＡ碎片。[15]之後，科學家又從果蠅、蚊蚋與蕈蚊、蜥蜴與金花蟲（leaf beetles）等身上萃取出ＤＮＡ，成功率大約為三分之一。儘管如此，這些研究從現在來看大部分是不可信的，而先前成功的定序案例則認為是源於採樣受污染。

最近，緬甸琥珀中出現的鳥類遺骸（圖6、7）再次引起人們猜測：倘若科學允許，這種鳥可以復活嗎？[16]二〇〇七年出土於西伯利亞的那隻猛獁象幼崽，即使它冷凍了四萬一千八百年依舊保存狀況良好，也無法萃取出複製所需的完整細胞。如果從不到五萬年前的骨骼與組織都無法獲得可用的遺傳物質，那麼一塊六千五百萬年前的琥珀，又真的有可能取得良好的基因嗎？

毫無疑問，未來仍然會有許多萃取去氧核醣核酸的嘗試。這些肯定會對演化的理解產生重大影響，但這種科學顯然並非完全正面。此間涉及一些道德因素，尤其是以培養滅絕微生物為目標的情形。一九九五年，科學家提出報告，表示他們已經能從保存在琥珀的無針蜂身上萃取出一種細菌加以培養。這種細菌特別令人感興趣，因為它與現代蜜蜂身上的另一種細菌相似，但不完全相同。[17]如果遺傳物質能保存下來，那麼有問題的病毒、細菌、原生動物與真菌等也有可能留下，這就引發了安全上的顧慮，以及人類對環境的責任問題，還有為未來世代保管博物館藏品的責任問題。透過採礦獲得琥珀、從琥珀萃取內含物、以及破壞標本以獲得DNA等，全都是不可逆轉的過程。

琥珀如何產生？

琥珀中的蜥蜴、蛙與蒼蠅是有趣的謎題。雖然牠們提供了關於琥珀形成的線索，但是幾乎沒有透露埋藏自身的琥珀身世。幾個世紀以來，人們將包含在琥珀裡的樹葉、花瓣、葇荑花序（catkins）、毬果與苔蘚等當作間接證據，認為琥珀一定是一種樹脂。西方古典作

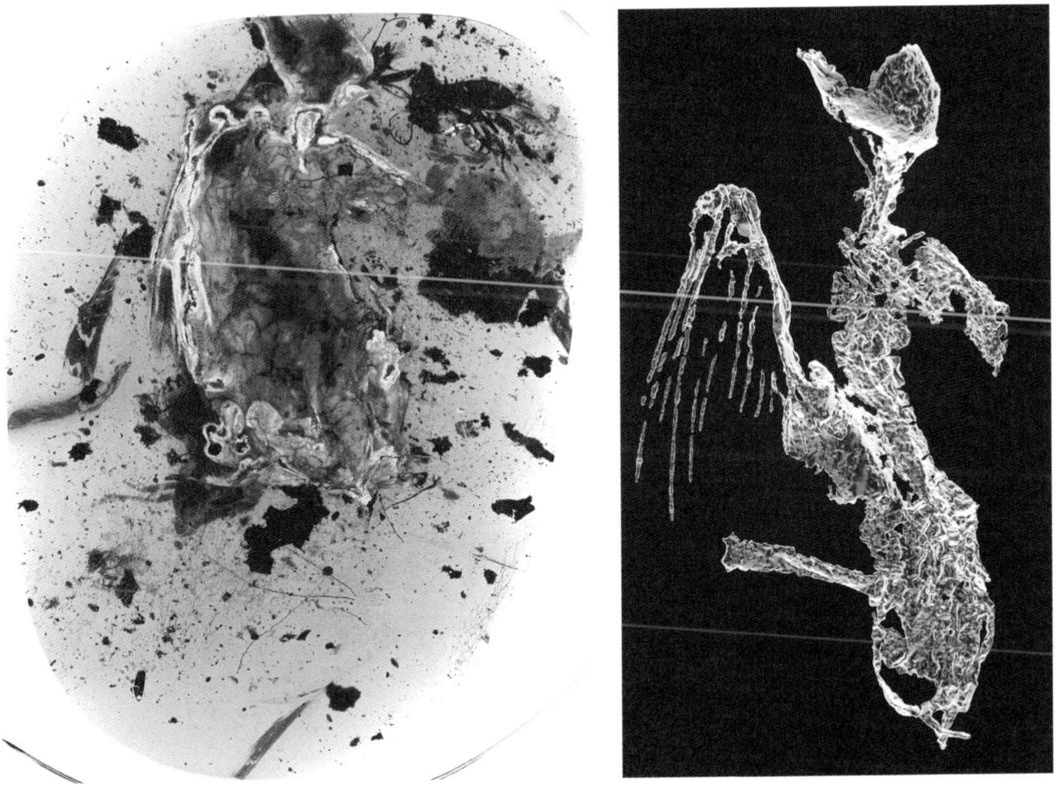

〔圖6、7〕兩張圖像顯示琥珀中的恐龍時代鳥類標本：
透過琥珀可以看到鳥腹側體腔（左），以及從鳥背觀察並以電腦斷層重建的骨架（右）。

家指出，燒過的琥珀有松樹的味道，近代歐洲作家則表示「撫摸過琥珀的手指留有明顯的松樹氣味」，燃燒後殘留的氣味也「證實琥珀是松樹的樹膠」。[18] 波羅的海的標本收藏者表示，琥珀呈冰柱狀與滴狀，有時還帶有樹皮與樹葉的印記（圖 8）。一八八〇年代，德國植物學家海因里希・格佩特（Heinrich Göppert）給這種未知的母樹取了名字，稱之為 *Pinites succinifer*。[19] 在亞洲，關於琥珀性質的評注至少可以追溯到一千四百年前，不同作者曾提出琥珀為冷杉的樹液或樹脂。分泌物滲入大地，在一百到一千年的時間內凝結並硬化。[20]

為什麼科學家花這麼多時間才確定琥珀是樹木的產物？在西方世界，

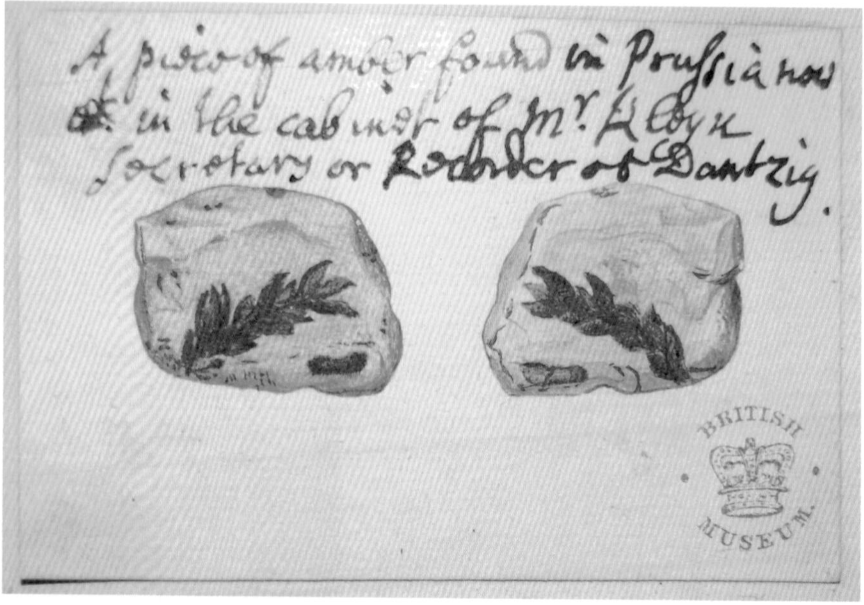

〔圖 8〕馬克・凱茲比（Mark Catesby），「琥珀中植物的兩幅習作」，1727-1749 年，水墨畫。一位英國博物學家的題詞：「在普魯士發現的一塊琥珀，目前為旦澤市（Dantzig）秘書或書記員克洛伊克先生（Mr. Kloyk）的收藏。」

關於琥珀的學術研究主要集中在波羅的海地區。幾個世紀以來，此處的琥珀要不是從海裡撈出來，就是從砂丘的坑裡挖出來，完全掩蓋了與樹木的任何關聯性。現存關於此主題的長篇專論由一五三八年左右的葛雷戈・鄧克（Gregor Duncker）所著，鄧克是一位醫師，一生大部分時間都居住在俄羅斯桑蘭（Samland，現為Kaliningrad州的一部分）南部的費斯豪森（Fischhausen，現在的Primorsk，圖9）。鄧克不願批評那些聲稱琥珀來自森林的古代作者；但他也認為這

〔圖 9〕17 世紀晚期的費斯豪森，
插圖來自克里斯托夫・哈特諾奇（Christoph Hartknoch）的
《新舊普魯士》（*Altund Neues Preussen Oder Preussischer Historien Zwey Theile*, 1684）。

些古代作者不太可能去過波羅的海。身為當地人，鄧克只知道挪威有松樹生長，他由此推斷，如果琥珀是松樹的產物，那麼它漂流的距離必然是不可思議地遙遠，而且要流經哥本哈根狹窄的松德海峽（Sound strait）。

鄧克同意，琥珀最初為一種液體；他甚至寫道，自己曾見過琥珀尚未定形的柔軟狀態。[21] 但是，那又是什麼樣的液體呢？大約與鄧克同時代的蓋歐克．鮑爾（Agricola）認為，這不太可能是樹液，因為樹液的汲取與太陽關係密切。他無法理解，為什麼在缺乏陽光的北方會有大量的琥珀，而據他所知，在熱帶地區卻沒有琥珀。根據琥珀的外觀、易燃性與顏色範圍，他認為琥珀是一種瀝青。[22] 大約在同一時期，筆名安德列亞斯．奧里法珀（Andreas Aurifaber）的安德列亞斯．戈德施密特（Andreas Goldschmidt）也撰文提出同樣的說法。琥珀不溶於熱水，因此不可能是樹脂。它可以燃燒，因此不可能是礦物。奧里法珀同意，琥珀是在地球深處形成的，認為它的出土方式足以證明這一點。當時有些出土於內陸的琥珀特別大件，戈德施密特認為這是因為池塘與湖泊沒有那些往往能將最初黏稠物弄散的波浪所致。[23] 在一百年後的一六六〇年代，這場辯論仍然激烈進行著。倫敦皇家學會（Royal Society in London）的會員寫信要求在格旦斯克的天文學家約翰尼斯．赫維留斯（Johannes Hevelius）予以澄清說明，得到的答覆是琥珀為「一種瀝青化石或瀝青。」[24] 一個世紀後，著名的瑞典植物學家卡爾．林奈（Carl Linnaeus）仍然在討論著琥珀是「由瀝青產生」。[25]

分析琥珀

歷史上，德語人士一直主導著琥珀研究的領域。普魯士有龐大的琥珀礦藏，當地的大學與學者累積了高品質的標本收藏。顯微技術的進步讓德國科學家處於許多突破的最前沿。十九世紀末，現代設備賦予了植物學家雨果・康文茲（Hugo Conwentz）挑戰前人的工具（圖10）。康文茲長期研究波羅的海琥珀中的植物群。[26]人們認為，琥珀內的植物將是了解生成琥珀的樹木類型的關鍵。他建議將格佩特提出的學名 *Pinites succinifer* 改成 *Pinus succinifer*，這是一個微妙但有意義的改變。原本的「ites」意味著琥珀起源於單一母樹，而這種母樹是現存松屬植物的古代親戚。康文茲意識到，他所看到的木頭碎片並非任何現代松樹的古代親屬，建議用「*Pinus*」這個術語適切地囊括它是一種以上的松樹所產生的樹脂，甚至可能是雲杉樹脂的可能性。康文茲決定使用 *Pinus* 造成了許多混淆，也讓人誤以為琥珀色鈣鋁榴石，其實是由松屬的一個現存物種樹脂經過化石化形成。[27]

今日的科學

時至今日，幾乎所有科學家都同意，根據對琥珀化學成分的分析，琥珀並非現代松屬樹木的產物。科學家現在意識到，琥珀內植物群所包含的生物資訊，更普遍而言是源自所謂的琥珀森林。波

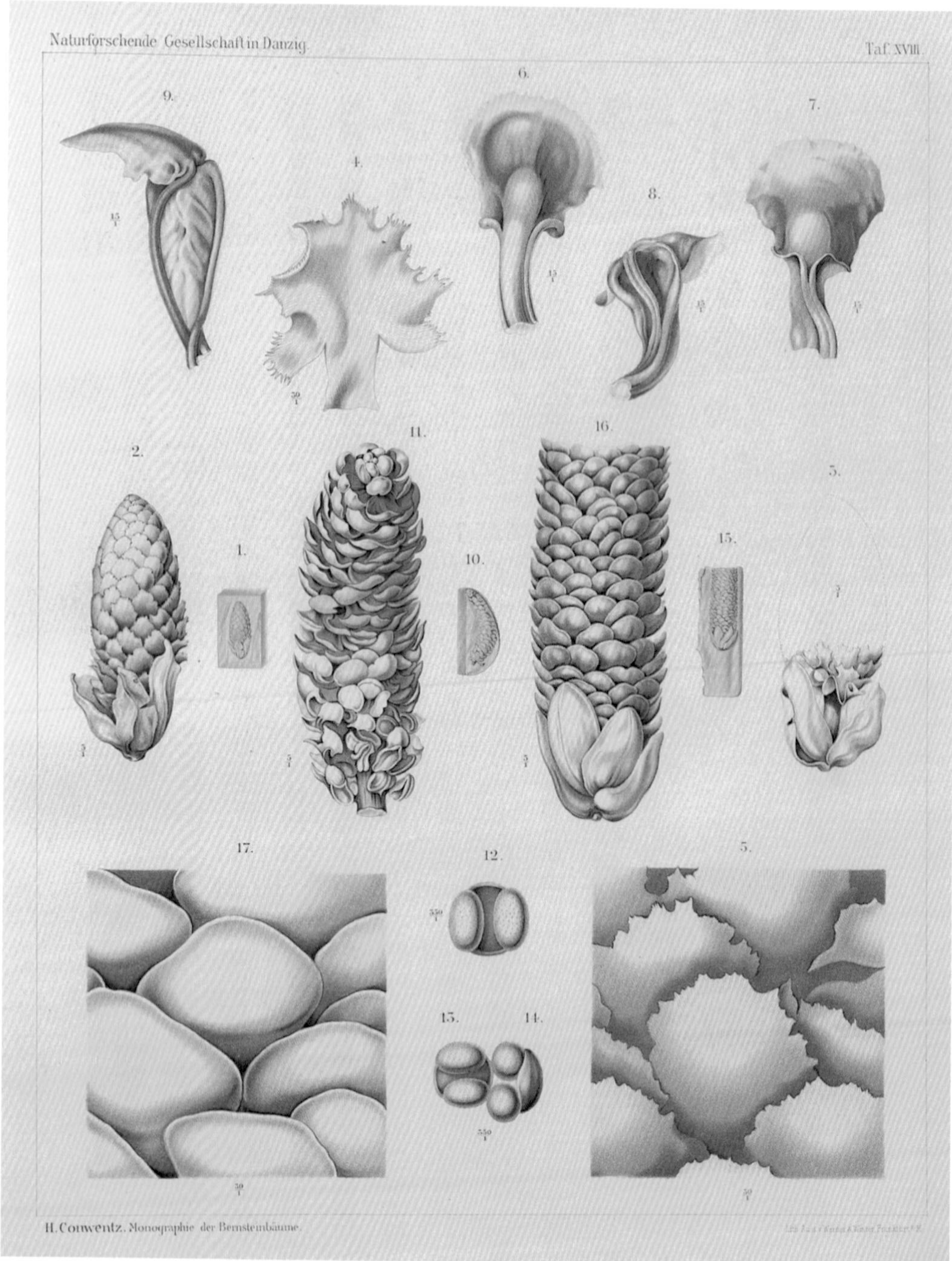

〔圖 10〕琥珀內花朵的整頁插圖，出自雨果・康文茲《波羅的海琥珀專論》（*Monographie der baltischen Bernsteinbäume*, 1890）。

羅的海琥珀內含許多針葉樹的殘骸，表示這些針葉樹在此處環境占有一席之地，但也可能是因為又小又輕的針葉容易被樹脂捕獲。最近，科學家將一些針葉樹標本與現在生長在北美洲、中國、日本與非洲的現存柏樹與松樹樹種比對連結。琥珀內含物中，開花植物特別多樣，但比例上算是較不常見。同樣出現在琥珀內含物的還有柳樹、棗椰樹、酸模屬植物、繡球屬植物、天竺葵、檜屬植物、木蘭屬植物與樟樹等標本。這些可能與現今南歐與北非等亞熱帶與熱帶氣候生長的生物有關。現在的科學家認為，現今波羅的海地區的氣候一定曾經類似於熱帶、亞熱帶與暖溫帶植物物種共存的地方，如今日的佛羅里達州南部或緬甸北部。事實上，在波羅的海琥珀發現的昆蟲中，有一部分親緣關係最接近的現存物種，是生活在東南亞、非洲南部與南美洲。

科學家最近也意識到，樹脂化石能妥善保存樹脂化學的細節。有機地球化學可以藉由建立化石與現代樹脂之間的關係，推測部分琥珀的親本植物可能是什麼。[28] 部分琥珀的來源已明確，例如根據化學分析與相關植物殘骸，多明尼加琥珀被認為是來自一種已滅絕的豆科古植物，孿葉豆屬植物 *Hymenaea protera*。來自緬甸與紐西蘭的琥珀則與貝殼杉屬植物（*Agathis*）有關，該屬植物的紐西蘭貝殼杉（*Agathis australis*）又稱考里「松」（Kauri 'Pine'），是目前最著名的現存後代（圖11）。化學方法尚未能提供波羅的海琥珀色鈣鋁榴石來源的確鑿證據。部分科學家認為是金錢松屬（*Pseudolarix*）植物的親戚，因為這些樹也會分泌琥珀酸。加拿大北極圈出土的琥珀中曾出現金錢松屬植物的樹葉與毬果殘骸，這證實它們在波羅的海琥珀形成的同一時期曾在高緯度地區生長（與產生樹脂）。金

〔圖 11〕紐西蘭丹尼丁植物園（Dunedin Botanic Garden）的紐西蘭貝殼杉（*Agathis australis*）。

錢松屬植物只有在受傷時才會分泌樹脂，這支持了在波羅的海發現的大量琥珀可能是在外部因素作用下形成的觀點。

化學也有助於解釋為什麼某些類型的琥珀更能保存內含物。人們很久以前就觀察到，波羅的海琥珀的內含物周圍完全或部分被一層乳白色物質包圍，這個乳白層稱為「Schimmel」，在德語意為黴菌。這是內含物分解時釋放的微氣泡層，表示昆蟲內含物的內部軟組織在化石化過程開始之前便已開始腐爛。多明尼加琥珀的內含物則保存得更好。孿葉豆樹能製造一種豆科植物的樹脂，可以保存軟組織的細節，還具有高度的一致性，甚至能將樹葉裡的個別細胞保存下來。昆蟲遺骸的肌肉與內部器官保持完整，幾乎沒有收縮。在多明尼加琥珀中，防腐作用似乎發生得更快，也許是因為樹脂含有一種特殊的固定成分，能滲透身體與組織。人們對琥珀的防腐特性仍然不太了解，但是它們確實驚人。以德國司徒加特邦立自然史博物館（Stuttgart State Museum of Natural History）的一塊琥珀為例，蘚類植物的嫩枝與葉子在包含於琥珀的水泡裡自由漂浮。裡頭的水必須完全無菌，否則植物就會腐爛。

化學在檢測與打擊贗品方面也扮演著重要角色，因為科學分析基本上就比廣為流傳的文獻與網上建議的「經驗法則」診斷測試更可靠。國際琥珀協會（International Amber Association，IAA）的成立是為了保護波羅的海琥珀在世界舞臺的名聲，也是為了保護收藏家。協會使用非破壞性的方法測試未加工的「琥珀」，以科學方法區分各種琥珀、樹脂化石與合成樹脂。任何設備齊全的大學、博物館實驗室，或專業的寶石學機構，都可以做到這一點。以分子等級了解琥珀是否等同能完全消除材料本身的神祕性？事實遠非如此。琥珀的科學正逐漸成為其價值的重要關鍵之一。國際琥珀協會能提供認證，確保飾品琥珀的真實性，也提供推薦的經銷商名單，從而確保消費者能放心購買，也為波羅的海琥珀產業提供比多明尼加共和國、墨西哥與緬甸等地競爭對手更高的優勢。

第二章

傳說與神話

掃視圖書館書架上關於琥珀的書籍，它們的書名往往辭藻華麗，讓人印象深刻。許多人會將琥珀液體般的外觀稱為眼淚——出自海里蒂斯（Heliades）的、諸神的、寧芙女神們（nymphs）的、太陽的……。其餘如《歲月的黃金寶石》（*Golden Gem of Ages*）與《時空之窗》（*Window to the Past*）等，則強調長壽與歷史。有些則利用琥珀本身的魅力，以頭韻方式形容其「驚人」，或用「魔法」之類的字眼讓人注意到它的神秘本質。

幾千年來，世界各地一直都有人在思考、談論與書寫琥珀。他們試圖將其明顯的海洋起源，和那些看來矛盾的內含物如樹葉與生物等聯繫起來。人們對琥珀的色調、氣味、易燃性、靜電與相較於其他「石頭」顯然輕盈的情形感到困惑。在中國，現存最古老的書面證據可追溯到西元五、六世紀，但考古紀錄則可以追溯到更早的時期。西方現存最早的文字紀載可以追溯到古典希臘與羅馬時期。老普林尼（Pliny the Elder）寫得最長，並表示他是為了反駁在研究期間遇過的許多「謬誤」而特地撰寫。[1]早在普林尼的時代，就已經有許多「奇妙的故事」，自此以後，各種各樣的說法被提出、被辯論、被駁斥。當人類試圖解釋琥珀這種神秘物質時，到底創造與接受了什麼樣的敘述？本章提及與探討的許多故事，多數仍能讓當今的讀者感到熟悉。

法厄同之死

普林尼對於琥珀起源於他家鄉義大利的說法特別不屑。他從來沒有在義大利看過任何實際的物證能證明這一點。對普林尼來說，琥珀是一種從更遠的地方進口的材質。早於普林尼的西西里狄奧多羅斯（Diodorus of Sicily）也曾提出同樣的說法。根據普林尼的說法，這種「謬論」的普及主要與一則故事有關：法厄同（Phaethon）與幾位妹妹海里蒂斯的故事。[2] 透過希臘作家如海希奧德（Hesiod）、赫拉克利特（Heraclitus）與柏拉圖（Plato），以及拉丁作家如西塞羅（Cicero）、盧克萊修（Lucretius）與維吉爾（Virgil）等人的作品，人們或多或少知道法厄同的命運。然而，把故事講得最精彩的是奧維德（Ovid）。這是奧維德《變形記》（*Metamorphoses*）第二卷最著名的故事之一。《變形記》是一首探討變形情節的長篇敘事詩。

奧維德寫到住在太陽宮的菲比斯神（Phoebus）。法厄同某日得知菲比斯是他的父親，跑去找菲比斯對質，菲比斯承認了這個說法。菲比斯提議給法厄同任何他想要的東西作為證明。法厄同要求駕駛父親用來牽曳太陽橫過天空的戰車，這是火神兀兒肯（Vulcan）為菲比斯打造的（圖12、13）。

〔圖 12、13〕維吉爾・索利斯（Virgil Solis），〈法厄同向父親阿波羅請願〉（Phaethon petitioning his father Apollo）與〈駕駛太陽神戰車的法厄同〉（Phaethon driving the chariot of the sun），出自奧維德《變形記》插圖版（1563）的整頁插圖。

菲比斯對此舉的危險性提出強烈警告，但無法勸阻年輕的法厄同。由於法厄同既沒有經驗也沒有力量控制拉車的駿馬，戰車疾馳的路徑太過接近地球。為了避免進一步的破壞，閃電之神朱庇特（Jupiter）劈了一道雷電，將法厄同、戰車與馬匹打出天空。法厄同摔死在河畔，河神厄里達努斯（Eridanus）／厄里達諾斯（Eridanos）將他埋葬。當法厄同的母親與妹妹終於來到他的安息之地時，她們悲傷不已，而這股悲傷改變了她們。她們因為極度痛苦使得舉起的手臂變硬，被樹皮包裹；她們的手指長出了葉子，眼淚硬化成了琥珀。眼淚落入水裡，被河水「帶著往前」以「裝飾羅馬的新娘」。[3] 值得注意的是，死亡與變形的主題同樣也出現在一些中文附論。例如，明代（1368-1644）作家李時珍在十六世紀曾撰文向讀者解釋道，琥珀為入地化為石的虎之精魄。[4] 這種與猛虎的關聯意味著琥珀在中華文化也與勇氣有關。

法厄同在文藝復興時期的重生

古羅馬人對法厄同的故事非常熟悉。他們是戰車競速比賽的常客，對全速衝刺的馬匹與戰車非常熟悉，更不用說賽道邊各種人仰馬翻的事故。幾個世紀以來，這則故事一次次地被傳述著，但在歐洲歷史稱為文藝復興的時期（大約一四〇〇至一六〇〇年）特別受歡迎。在義大利人文主義者的手中，法厄同的死亡被賦予了一個道德層面的意義——統治者，也就是掌握政權者，必須對這則故事記取教訓。阿里奧斯托（Ludovico Ariosto）以法厄同影射「自不量力所造成的政治與道德問題」。[5]對其他人來說，「法厄同的故事告誡著無法控制自身衝動的人」；「法厄同之死，所有人都應該引以為戒。」[6]這則戲劇性十足的故事也非常適用於當時的藝術表現，自然成為天花板裝飾的主題（圖14），西元二、三世紀作家斐洛斯脫拉德（Philostratus）最早描述此故事，他曾以寓言式的視覺手法描繪法厄同的命運。[7]這個情節也常出現在裝飾掛毯、家具與陶瓷上。某種留存至今的桌邊洗手銀盆與水壺設計，凸顯出這則故事可以搭配水的主

〔圖 14〕朱利歐・羅馬諾（Giulio Romano），〈法厄同之死〉（The Fall of Phaethon, 1526）特宮（Palazzo Te）老鷹廳的天花板濕壁畫，位於義大利曼托瓦（Mantua）。

題，也適合搭配空氣主題。

厄里達努斯—帕杜斯河—波河

早在普林尼的時代，就有一批作家熱衷於尋找法厄同死亡的確切地點。當時並沒有什麼共識，有些人將厄里達努斯與隆河（River Rhodanus）聯繫起來，認為在伊比利亞；有些人認為是帕杜斯河（Padus），即現在的波河（River Po）。有些作者聲稱，在波河流入亞得里亞海的地方有一個被稱為「厄勒克特里德斯」（Electrides）的群島，這個名稱呼應的是希臘文的 ἤλεκτρον（elektron，古希臘文的琥珀）。[8]甚至衣索比亞也有其擁護者。普林尼以「對地理學無知到可怕的程度」為由駁斥這些爭論，但這些論點在波河作為商業、農業與國防之關鍵的文藝復興時期義大利，卻遲遲沒有平息。

在《全義大利概述》（*Descrittione di tutta Italia*, 1550）中，歷史學家勒安德羅・阿爾貝蒂（Leandro Alberti）收集了一些證據，證明波河就是厄里達努斯。波河流經埃斯特（Este）家族統治的城市費拉拉（Ferrara）附近，那裡的學者利用法厄同／厄里達努斯的主題，在當代宮廷文化與古代神靈的世界之間，建立起無可辯駁的連結。一五四五年，將法厄同的故事視為自家神話重要組成的埃斯特王朝，將故事的場景以五幅掛毯的方式視覺化，這些場景受到奧維德作品的啟發，其中之一描繪了法厄同的妹妹們變成樹的情景。[9]埃斯特家族也是義大利首次廣泛收集琥珀的貴族之一。他們與波

〔圖 15〕法蘭索瓦·杜克斯諾伊或其學徒，
〈休息中的酒神女祭司〉（Bacchante at Rest, 1625）。

河以及其琥珀的關係，甚至間接造就了有史以來最奇特的琥珀藝術品之一：描繪沉睡酒神女祭司的雕件，據說出自在羅馬工作的法蘭德斯（Flemish）雕塑家法蘭索瓦·杜克斯諾伊（François Duquesnoy）之手（圖15）。[10] 這件雕塑作品與提香（Titian）〈酒神祭〉（The Andrians, 1523-1526）一名躺著的人物非常相似，提香之作最早由阿方索·埃斯特（Alfonso d'Este）為頌揚波河而委託創作（圖16）。

提香的〈酒神祭〉有許多令人莞爾的細節，其中包括一隻出乎意料的珠雞。事實上，這種鳥在琥珀神話也有一席之地。希臘神話中，還是嬰兒的梅列阿格（Meleager）被預言，唯有家族火爐的一塊木頭沒有燃燒，他才能繼續活著。為了讓他活下去，他的母親阿耳泰亞（Althaea）將那塊木頭從火爐取出。幾年後，

〔圖 16〕提香，〈酒神祭〉，油畫。右側樹梢上站著一隻珠雞。

阿耳泰亞在得知梅列阿格殺死了她的兄弟與另一個兒子以後，便將那塊木頭放回火爐。梅列阿格的姐妹們就像海里蒂斯一樣，在為兄弟的死亡感到悲痛之際，化身為珠雞。古希臘劇作家索福克里斯（Sophocles）寫道，他認為琥珀來自比印度更遙遠的地方，是梅列阿格的姐妹們的眼淚。普林尼對索福克里斯的說法表示懷疑。他認為「鳥兒每年都會哭泣或留下大量眼淚，或是從梅列阿格死去的希臘遷徙到印度群島為他哀悼，」都是太離奇的說法；不過其他人則對此說允予一定的關注。例如，著名的希臘地理學家史特拉波（Strabo）則把這個故事帶到離家更近的地方。他堅持這些鳥兒的棲息地是「帕杜斯河口的厄勒克特里德斯群島。」[11]

奉獻的眼淚

在西方，女性奉獻與眼淚主題是許多琥珀記述的共同特點。演變至今，婦女哭出琥珀之淚的主題已成了廣為眾人接受的文學比喻。維多利亞時代的詩人尤其喜歡它，以至於寫下了像是湯瑪斯・華立・齊維爾斯（Thomas Holley Chivers）的《回憶事紀：滿是愛之淚的琥珀之瓶。給美麗之人的禮物》（*Memoralia; or, Phials of Amber Full of the Tears of Love. A Gift for the Beautiful*, 1853），以及伊莉莎白・巴雷特・白朗寧（Elizabeth Barrett Browning）的詩〈安慰〉（Comfort），她在詩中把自己想像成聖母瑪利亞，祈禱她的眼淚會像琥珀一樣落在耶穌基督的真十字架腳下。

姊妹的悲慟之情也促成了一些非凡的藝術創作。其中最著名的是桑蒂．狄．蒂托（Santi di Tito）大約在一五七〇至一五七一年間為托斯卡尼大公法蘭西斯柯一世．梅迪奇（Francesco de' Medici）的法蘭西斯柯廳繪製的鑲板。它的不尋常之處在於，不僅表現出法厄同姊妹們化身成樹與她們的琥珀之淚，也描繪出她們腳下的水所收集到的淚滴（圖17）。畫中的一名女性被確認是盧克雷齊亞．梅迪奇（Lucrezia de' Medici），即法蘭西斯柯的妹妹，她在一五五八年結婚後不久就去世了。因此，這幅畫透過描寫姐妹們對兄弟的哀悼，複雜地表現出兄長對妹妹的哀悼之情。[12]

第二則將琥珀的形成與女性經歷關聯的敘述來自立陶宛。它在十九世紀開始流行，當時歐洲正處於浪漫民族主義的痛苦掙扎之中。搜集民間故事的民俗學者盧德維卡斯．亞多瑪斯．尤塞維丘斯（Liudvikas Adomas Jucevičius）在他的《尤拉特與卡斯蒂提斯》（*Jūratė and Kastytis*, 1842）敘述了這則故事。海洋王子卡斯蒂提斯（Kastytis）綁架了凡人尤拉特（Jūratė），與她結婚並為她戴上琥珀頭冠。尤拉特將一塊塊琥珀丟到潮水中，藉此安慰她悲痛的父母。另一個版本講的是漁夫卡斯蒂提斯的故事，他在不該撒網的地方撒網，帶來一場浩劫。海之女神尤拉特本來出發找他對峙，卻愛上了他，還把他帶回了她在海浪下的琥珀宮殿。此舉激怒了諸神之首佩爾庫納斯（Perkūnas）。佩爾庫納斯殺死了卡斯蒂提斯，毀了宮殿，並將尤拉特囚禁在廢墟中。還有一個版本，則是尤拉特深深愛上卡斯蒂提斯，甚至為此離開大海，就為了和愛人在一起，而佩爾庫納斯殺死了卡斯蒂提斯，毀了尤拉特的宮殿，將她囚禁在廢墟。

〔圖 17〕桑蒂・狄・蒂托〈琥珀的誕生〉(The Creation of Amber, 1570-1571) 石板油畫。

就如法厄同與海里蒂斯的故事，這則敘述啟發了一種現代二頭四輪輕型馬車、敞篷汽車與福斯汽車同名車款，尤拉特與卡斯蒂提斯的故事最近也被賦予豐富且浪漫的生命。一九二三年，過去被稱為梅默爾（Memel）的克萊佩達（Klaipėda）與立陶宛統一後，這則故事開始迅速流傳，統一事件讓更多立陶宛人與琥珀海岸、當地人民與傳統有了更密切的接觸。[13] 大約在這段時間，愛國詩人麥洛尼斯（Maironis）重新將此故事編成民謠。一九三三年，這則故事編成芭蕾舞劇上演，藝術家瓦克洛瓦斯・拉塔斯（Vaclovas Ratas）在一九三七年也創作了一系列廣受好評的木刻畫描繪此故事。一九五〇年代，這則故事改編為歌劇（1955），也製作成動畫片，即格拉濟娜・布拉西斯基特（GraŽina BraŠiŠkytė）的《琥珀城堡》（*The Amber Castle*, 1959）。在一九九〇年代，它被編成一部劇，二〇〇二年克萊佩達建城七百五十週年之際，則又誕生一部搖滾音樂劇。然而更令人不安的是，這篇神話已為極右派所用，例如出現在金屬樂團獨裁者（Dikratūra）的歌詞中。

厄里達努斯沒有琥珀

在北歐，法厄同的故事並沒有太大改變。它被普魯士與德國的學者視為一則神話。他們對此故事不感興趣，可能是因為與他們所知道的地理和地形無關。馬丁・澤勒（Martin Zeiller）是個例外。他試著檢驗故事與現實的關係，並提出厄里達努斯這個名稱可能來自普魯士的拉多恩河

（Radaune），也就是現在的拉杜尼亞河（Radunia）。他還認為，維斯瓦河（Vistula）可能曾經被稱為厄里達努斯河，而且維斯瓦河與諾加特河之間的土地就是厄勒克特里德斯。他提出，桑蘭半島（Samland Peninsula）就是古代作家筆下的格萊薩里亞（Glessaria，圖18）。[14]

對澤勒來說，厄里達努斯必然在普魯士，因為只有普魯士才有大量的琥珀。其他關注厄里達努斯與波河間關聯的作者忽略了這個矛盾之處。英國日記作者約翰．伊夫林（John Evelyn）是一個特殊的例子。伊夫林在

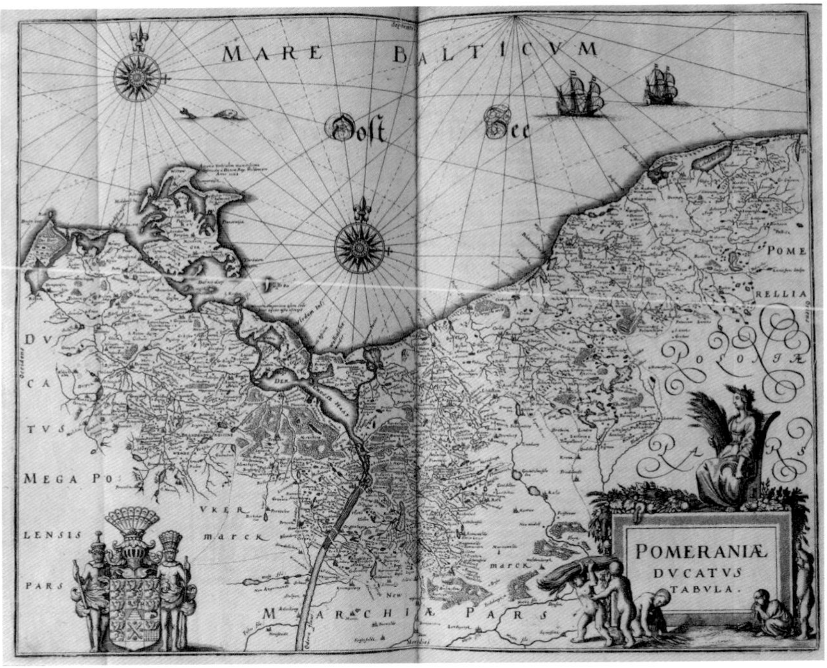

〔圖18〕波美拉尼亞（Pomerania）地圖，出自馬丁．澤勒《勃蘭登堡與波美拉尼亞公國地形圖》（*Topographia electorat, Brandenburgici et ducatus Pomeraniæ*, 1652）。這幅地圖側重於斯德丁（Stettin，現在的 Szczecin）與奧得河（Oder）。旦澤（今格旦斯克）與拉杜尼亞河在更遠的東方。桑比亞半島位於海岸線的最東端。

一六四五年五月造訪費拉拉，並在事後發表評論：

我記得在義大利波河岸邊有許多宏偉的黑楊樹，波河是詩人極其頌揚的厄里達諾斯河，據說魯莽的法厄同就是摔進這條河裡淹死的，這無疑為他悲傷的姐妹們蛻變成這些樹的虛構故事提供了論據；但是我在這裡卻沒有聽說她們珍貴眼淚形成的琥珀。[15]

普林尼相信他知道這種混淆是怎麼來的。他認為這種關聯性的傳統來自於波河沿岸居民佩戴琥珀吊墜的事實。這讓人覺得當地有大量的天然琥珀，儘管這些琥珀事實上是為了滿足當地人的信仰而進口的，當地人相信「阿爾卑斯山附近的水有多種傷害人類喉嚨的特性」，並認為琥珀可以「預防扁桃腺炎與其他咽部感染」。[16] 三世紀的百科全書編纂學者索利努斯（Solinus）和普林尼一樣，其著作在文藝復興時期也被廣泛閱讀，他也得到了同樣的結論。索利努斯表示，匈牙利人將琥珀賣給巴爾幹半島居民，而巴爾幹半島居民又將琥珀賣給波河周遭的居民，「因為我們（羅馬人）第一次在波河那裡看到琥珀，就以為琥珀源自該處。」[17]

猞猁的尿

雖然這個想法沒有現實佐證，但文藝復興時期以羅曼語（Romance languages）寫作的作者仍然繼續訴說著古老的傳統，「在義大利形成的琥珀數量最多。」[18]畢竟，那裡不僅有寫到波河與亞得里亞海厄勒克特里德斯群島的作者，也有許多人談到西北部的利古里亞（Liguria）。有時，人們對利古里亞琥珀的興趣並不亞於波河河谷琥珀，但是前者的名稱卻有些混淆。史特拉波曾提出報告，表示利古里亞的土壤富含一種物質，有些人將之稱為琥珀，也有人稱為琥珀金（electrum）或猞猁石（lyncurium/lingurio）。所謂的猞猁石有自己的文獻紀載。古希臘作家泰奧弗拉斯托斯（Theophrastus）的影響尤其大。泰奧弗拉斯托斯寫道，猞猁石是野生公猞猁尿液硬化後形成（圖19）。他還寫了有關琥珀的文章，表示猞猁石與琥珀都出現在利古里亞，而且有許多共同特點。[19]

啟蒙運動的評論家將泰奧弗拉斯托斯的例子引為「充分的證據，證明它們（即猞猁石與琥珀）不可能是同一種東西。」[20]然而，由於很少人見過猞猁石，就很難一勞永逸地得到它們是不同物質的結論。由於無法找到「我所讀到的猞猁石」，其中一位作者惱怒地下了結論：「不是琥珀還能是什麼？」[21]醫生安東尼奧・穆薩・布拉薩沃拉（Antonio Musa Brassavola）建議藥劑師應對這種以猞猁石身分出售的石頭敬而遠之；他的朋友尼可洛・塔索（Niccolò Tasso）養過寵物猞猁，從來沒看過猞猁尿液變成石頭。[22]

〔圖 19〕取自英國 15 世紀動物指南（動物寓言集）的一頁，
顯示猞猁尿液會變成石頭。

沒有證據顯示西方作者知道，其實約莫同時代中國作者認為琥珀是化為石頭的虎之精魄，但這種聯繫的可能性是誘人的。事實上，義大利人對猞猁石的關注並非要確定它是一種真正的材料、值得購買或累積收藏；相反地，它可以歸結為民族自豪感。古代地理學家認為義大利產猞猁石，猞猁是義大利的本土動物。古代詩人曾聲稱，厄里達努斯是琥珀的故鄉。有些人說猞猁石就是琥珀。單獨或綜合考量這些因素，是支撐義大利作為古代歷史舞臺的關鍵。

確認經典

如果靴子國真的是法厄同的死亡之地，那麼琥珀就必然得出現在那裡。文藝復興時期的人們對此充滿信心，某個人在某個地方找到琥珀只是時間問題。當他們在一六三〇年代晚期找到琥珀時，當然就成了大新聞，甚至遠在倫敦的人們都在討論。[23]在哪發現的？現在已經不知道了，但西西里是最有可能的地方。一六三〇年代，皮耶特羅．卡雷拉（Pietro Carrera）發表一篇有關琥珀的文章，表示在島嶼海灘上發現了「橙子般大小的巨大琥珀。包裹螞蟻、蚊子、蒼蠅、跳蚤或其他小動物的較小琥珀」也陸續出現。[24]十年之間，定期都有大量琥珀被記錄下來；在六十年內，孩童可以向感興趣的遊客指出在哪兒可以找到琥珀。保羅．博科尼（Paolo Boccone）曾在阿格里真托（Agrigento）觀察琥珀的採集：

那些地方的孩子從海藻間收集它……。(他們)當著我的面尋找，想要一點報酬，我確實看到一些長方形的琥珀碎片，表面看來像粗糙的灰色石頭，但裡面是風信子的黃色。[25]

儘管研究人員發現，早在五千年前，西西里島與伊比利亞半島之間就有琥珀交易，但是並沒有任何古代文獻提到西西里島的琥珀。[26]最值得注意的是，西西里島琥珀在西西里狄奧多羅斯的著作中完全沒有出現。狄奧多羅斯出生於阿吉拉（Agyrium），在將近兩千年後，美國琥珀鑑賞家威廉·阿諾德·布法姆（William Arnold Buffum）在那裡「從地面上」撿到琥珀。[27]狄奧多羅斯的作品完全沒有提到西西里島琥珀，是非常值得注意的，因為這位作者確實有在研究琥珀。[28]即使在今天，關於西西里島琥珀的形成地點也有些讓人困惑之處。板塊構造活動會出現零星的地表裂隙，大多數都是偶然的小規模發現，因為山洪而被沖到距離源頭非常遙遠的地方。更重要的是，若非已有基本認識，其實無法一眼認出西西里島琥珀：它們在夏季乾燥的河床中與其他石頭撞來撞去，被隱藏在一層不醒目的灰色外殼中。[29]

義大利的琥珀

到了十七世紀中葉，義大利各地都有發現琥珀的報導。一六五〇年，安東尼奧·馬西尼

（Antonio Masini）宣布在波隆那附近發現了「最完美的黃色琥珀」，為許多新發現開辟途徑。[30]這些故事既精彩又浪漫。例如有位來自翁布里亞（Umbria）的石灰石收藏家，原本弄了一塊石灰石要放爐子裡燒，卻發現了一個金色的驚喜。在馬爾凱（Marches）地區，於田間耕作的農夫開始發現大量琥珀，他們不僅會為了香味而將其焚燒，還收集到足夠的量並透過藥劑師出售。作為許多材料與藥物的專家，藥劑師與藥材商在琥珀鑑定工作方面扮演著重要的角色，他們的商店有時不僅用作販賣琥珀的場所，也是展示地點。某次，塞澤（Sezze）附近發現了兩塊重量分別超過兩百公克的琥珀，就被帶到六十公里以外羅馬的一間藥房展示。[31]

粗心大意的考古學家

這類發現的作用在於確認古典時期的記述，並且證明義大利自然史學家對義大利琥珀真實性的持久信念。這些作家也寫到羅馬人對琥珀的熱愛；他們像普林尼一樣，對其祖先消耗的琥珀數量感到驚訝。在羅馬，新建築工事的挖掘過程常有加工過的琥珀出土。例如一五六五年，兩件琥珀邱比特、一件將手指放在下巴與鼻子間的人形雕像（被解釋為「沉默」的擬人化）與一件大象雕件，在教堂土地準備進行建築工程時，隨著一只古羅馬時期的甕一起出土（圖20）。[32]當時的人推斷這些是古董，後來也證實的確如此。而其他在義大利各地逐漸為人所知的琥珀則不一樣。這些與尋找天然礦床有關嗎？在西西里島與波隆那附近，答案是肯定的。在其他地方，這些可能是無意間的考古發現——例如驚擾了古代埋葬地。儘管如此，對於同時出土的其他墓葬品、金屬線或能將琥珀珠串連起來製成項鍊或扣衣針的形式，卻沒有任何提及或調查。也許學者對古典文學如此精通，以至於沒有理由質疑愈來愈多的遺址或愈來愈大量的琥珀發現。他們的故事只是眾多例子之一，說明富有想像的嘗試如何產生真正的影響。對琥珀來說，神話往往成為現實。

〔圖 20〕雕有頭部輪廓的小型容器，出土於荷蘭奈梅亨（Nijmegen）考古挖掘遺址，製作於西元 80 至 100 年間，材質為琥珀。

第三章

祖先與琥珀

目前已知與人類活動有關的琥珀，最古老的發現可以追溯到大約四萬年前，當時人類以狩獵和採集為生，使用石頭、骨頭與鹿角製作複雜的工具與武器。從這個時期開始，獵人、農夫、遊牧民族、城鎮居民、陶工與金屬工人都受到琥珀吸引，珍視其價值。人類對琥珀的迷戀可能啟發了一系列因用途而異的意義。人類是如何在社會、情感與精神層面運用琥珀呢？考古學給我們提供了許多關於創造、傳統與歷史意識的資訊。

歐洲冰河時期的琥珀

在四萬年前至一萬兩千年前的冰河時期晚期，生活在現今歐洲地區的人們處於類似凍原的環境，當時的氣溫比現在冷，但並不如冰河時期的長期冰封雪凍。雖然有些人定居下來，但大部分仍然是遊牧的狩獵採集者，他們是最早使用琥珀的人（圖21）。庇里牛斯山脈西側有座著名的伊斯蒂里特（Isturitz）洞穴，那裡出土的碎片顯示，大約在三萬四千年前至兩萬九千年前，當地人

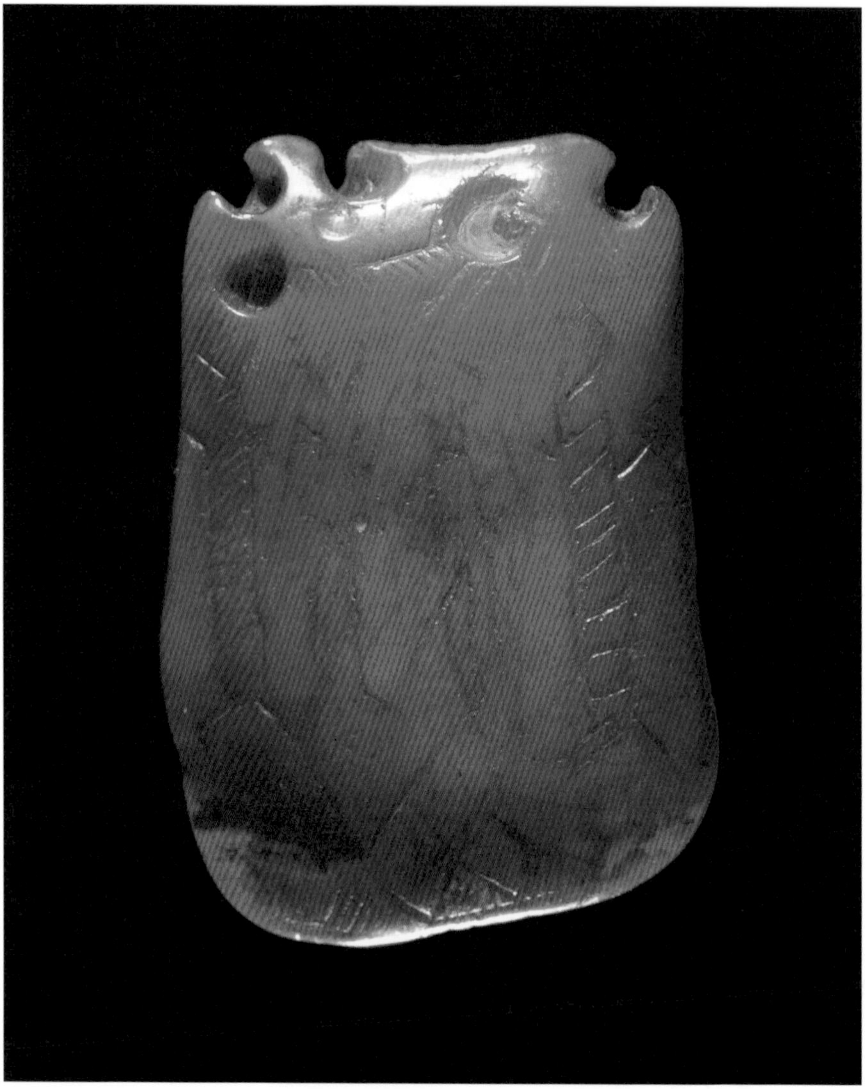

〔圖 21〕具有人形雕刻的琥珀吊墜，來自丹麥奧摩斯（Åmosen）
辛達爾加德（Sindalgård），西元前 12800 至西元前 1700 年，材質為琥珀。

就已經知道琥珀。分析結果排除了琥珀來自波羅的海的可能性，有人認為這些琥珀可能來自附近的達克斯（Dax），而在達克斯也有發現褐煤，洞穴出土的其他個人飾品就是用達克斯的褐煤製作。[1]同樣地，在上庇里牛斯山奧朗桑（Aurensan）的幾座洞穴出土的琥珀，也可能是當地所產，這些洞穴在一萬七千年前至一萬一千五百年前就有人居住。最近在西班牙的研究也顯示，當地的材料添加了進口自義大利南部的琥珀。[2]大約在一萬一千年前，北美洲早期居民使用琥珀黏合劑將石製矛尖固定在矛柄上，時間更近一些，因紐特人（Inuit）的祖先圖勒人（Thule）將當地取得的琥珀製作成珠子。

在後來成為北歐的地區，由於一萬兩千五百年前的氣溫上升，波羅的海琥珀礦床開始從大片冰層下方冒出來。直到大約八千五百年前，大不列顛還是歐洲大陸西側的一個半島。隨著海平面上升，英吉利海峽形成，水淹沒了現在稱為波羅的海的地區。在新形成的英格蘭海岸線上，鵝卵石狀的琥珀被沖刷上岸，出土於切達峽谷（Cheddar Gorge）、克雷斯韋爾峭壁（Creswell Crags）與斯塔卡（Star Carr）等地的波羅的海琥珀可能源自於此。[3]今日，波羅的海琥珀色鈣鋁榴石被洋流帶到大不列顛東部沖刷上岸，但大不列顛也有自己的天然琥珀，包括深埋於倫敦黏土層的琥珀，至今仍會因為地下基礎設施而繼續出土。[4]

最早的琥珀藝術

在現今丹麥地區，冰河時期晚期到後冰河時期早期（四萬年前至一萬年前）的狩獵採集者也選擇將琥珀打洞，以凹陷和線條圖案裝飾，製作珠子與墜子。[5] 一塊來自丹麥西西蘭郡（West Zealand）奧摩斯的琥珀刻有人形，是北歐已知最古老的人形描繪。大塊琥珀雕刻成鳥、麋鹿、熊、野豬與馬，其中許多因為海浪攪動而從現在已被淹沒的原址沖上岸。[6] 二〇一五年，一位幸運的海灘拾荒者在奈斯比（Næsby）海灘的海藻間發現了一只麋鹿雕件（圖22）。這個偶然的發現引起媒體轟動，被譽為斯堪地那維亞半島最古老的「藝術作品」。

這些零星發現的小型動物雕件只能靠推理來確定年代，但是在一九九四至二〇〇四年間於德國維社（Weitsche）遺址出土的另一只麋鹿雕件碎片提供了其他材料，讓人得以推算其時期約為一萬三千七百年前。這件出土文物也用來重新確認其他雕件的年代，這些雕件目前被認為是北德平原（North German Plain）最古老的動物雕像。[7]

其他地方又是什麼狀況？在日本，銚子市周圍的琥珀礦藏自繩紋時代中期（Middle Jomon Period，五千五百年前至四千五百年前）就已被開發利用。[8] 最早的獵人與採集者對這種材質特別感興趣，認為它象徵威望。他們將琥珀做成珠子與吊墜，既可以佩戴，也可以作為禮物贈送，藉此支持個人與社會關係的發展，這些關係有時甚至是遠距離的。這類友誼信物被認為有助於取得其他地區的狩獵權。這類裝飾品的形狀也可能與魔法信仰以及人們試圖為自己創造與形塑的身分有關。

無論在世界哪個地方，人類收集與改造的大部分琥珀都是在偶然情況下或在考古挖掘中發現的。然而，有史以來最著名的發現之一，是十九世紀後期試圖對琥珀進行商業開採時挖到的。[9]在史瓦佐特（Schwarzort），即現今立陶宛的朱德克蘭特（Juodkrantė），人們用機械在潟湖淺灘進行挖掘。他們以特製的篩子過濾砂子與沉積物，以篩出最小的琥珀碎片。結果發現一批被賦予人形的神秘雕件，現在認為這批雕件在四千三百五十年前

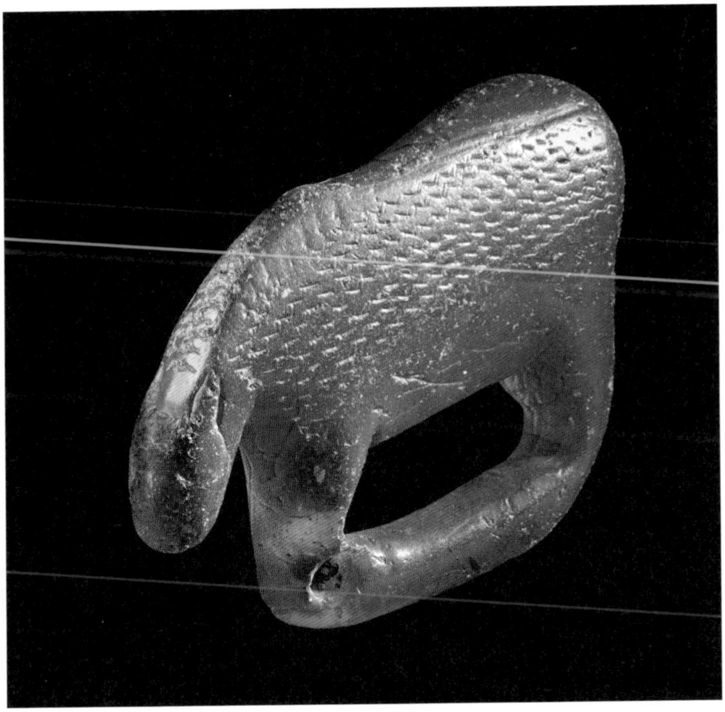

〔圖 22〕動物雕件，可能是麋鹿，出土於丹麥奈斯比海灘，西元前 12800 至西元前 1700 年，材質為琥珀。

至四千〇五十年前製造，大約是埃及金字塔建成的年代（圖23）。這些文物最初當成古玩贈送給員工和遊客；後來，現址設立了一間博物館，搜集並展示出土文物。第二次世界大戰期間，普魯士被蘇聯軍隊占領之際，這些文物戲劇性地轉移到德國哥廷根（Göttingen），然而只有一小部分原始文物在大戰中倖存下來。

類人形雕像的確切目的尚不清楚。在丹麥和其他地方發現的琥珀動物雕件上也有一些斑紋。這些斑紋是

〔圖23〕出土於朱德克蘭特的人像，西元前2350至西元前2050年，材質為琥珀。現為德國哥廷根地球科學博物館收藏。

為了讓雕件更加栩栩如生？還是為了帶來好運？又或者兩者皆然？這些雕件有時會被磨平並重新雕刻，顯示這些表現形式可能具有某些作用：獵人的護身符。出土於史瓦佐特的雕件，表面經常散布著鑽孔，代表細節與紋理。它們有盾形臉、寬鼻、簡單的嘴與身體，描繪成貓頭鷹的樣子，現代學者認為它們代表動物的靈魂。

這些物件具有深橘色的色調與光滑具光澤的表面，以有趣的方式運用琥珀。它們代表著技術與想像力的運用，創造出美麗與具有情感力量的物件。它們的製作需要比較大塊的琥珀，而且必然具有與生俱來的物質價值，這在今天是難以量化的。若是這些材料經過長途運輸才抵達，其價值肯定更高。目前已知出土於近東地區最古老的波羅的海琥珀珠，是在伊拉克北部底格里斯河畔的亞述古城（Assur）發現，其製作時間可以追溯到大約三千八百年前。[10] 在敘利亞卡特納古城（Qatna）遺址的皇家陵墓考古挖掘位址，曾出土一件非常精彩的獅頭形琥珀器皿，時間距今約三千三百六十年（圖24）。經過測試，這塊琥珀證實為琥珀色鈣鋁榴石（波羅的海琥珀），這只獅子雕件是歐洲以外已知最古老的琥珀形象雕塑。考古學家認為，它在當地加工，很可能是以原石狀態透過愛琴海這條重要的貿易路線進口。[11] 其他琥珀大多是珠子，從希臘的邁錫尼（Mycenae）運送時已經處理好，土耳其呂基亞海岸（Lycian Coast）一帶同時期沉船上的貨物便符合此觀點。[12]

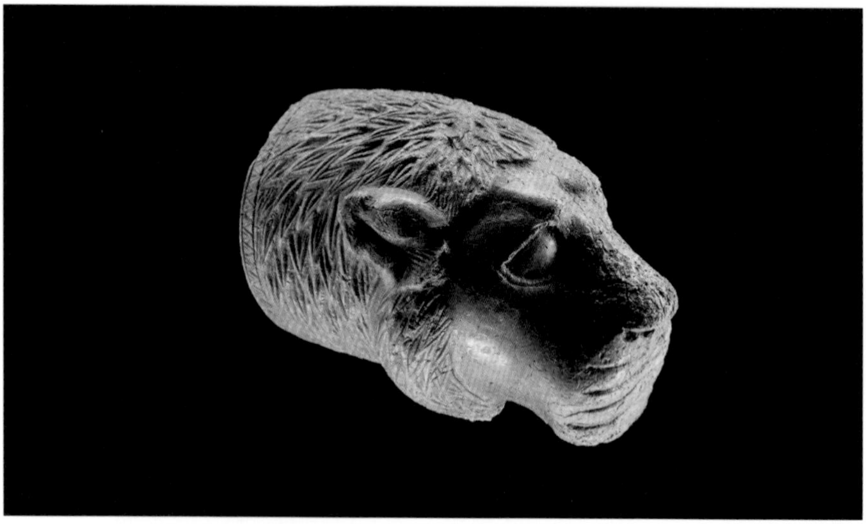

〔圖 24〕敘利亞卡特納古城一處墓地出土的獅頭形容器，
約西元前 1340 年，材質為琥珀。

獻給諸神的祭品？

在朱德克蘭特，琥珀珠、琥珀圓盤與琥珀鈕扣的數量遠遠超過神秘的人形與動物形式。它們為什麼在那裡？為什麼有這麼多？波羅的海琥珀特別適合製作簡單的珠子，著實不足為奇。因為從海岸沿線收集到的琥珀一般都很小，這些樹脂化石的小塊、小滴與小棒在海浪與砂子的作用下自然而然被磨平、磨圓。加工琥珀無須複雜的技術——在波蘭曾有未完成的雕刻琥珀與多用途的石器一起出土。光滑的鵝卵石可能也會用來和砂子與水一起打磨琥珀製品。也許，史瓦佐特／朱德克蘭特的琥珀是刻意人為沉積的物品。在丹麥，人們從緻密、潮濕且缺氧的沼澤黏土與砂土中找到了裝滿琥珀祭品的陶罐——有時多達三千件，形狀有球體、筒狀、環狀、斧頭與鎚子等，重量達九公斤。也許它們是安全起見才祕密保存起來。歷史學家永遠無法得知為什麼有這麼多的碎片被留在史瓦佐特／朱德克蘭特，因為發現它們的方法已使得該遺址徹底毀滅。

琥珀珠與人體

迄今考古學領域最常發現的琥珀形式，仍是琥珀珠。後冰河時期的丹麥墓葬遺址顯示，琥珀珠會和男性及女性一起埋葬——在這些情況下，與男性合葬的通常為扁平的大鈕扣狀琥珀珠，與女性合葬的則是較小的球狀琥珀。大約在五千七百年前至五千三百年前，最早定居在丹麥的一位農夫埋葬在德拉斯霍爾姆（Dragsholm）。他死時大約三十歲，下葬時的陪葬品有他的戰斧和至少六十顆琥珀珠，這些珠子不僅繫在脖子與手腕上，也縫在衣服上。[13]這些必然是他的重要財產，也象徵他的社會地位。

在早期人類可用的各種珠子類型中，琥珀珠是重量最輕的（例如，有些琥珀可以漂浮在海面，因為材質的密度遠低於鹽水的密度）。無論是粗糙或加工過的琥珀珠，它的重量意味著易於大量運輸。用波羅的海琥珀製成的珠子最遠曾抵達中國。在銅器與青銅器工藝開始普及的時期，出土於德國南部諸多遺址的琥珀珠數量，甚至比北歐地區出土的還多。地中海東部的考古遺址也有更多琥珀珠出土，古典文獻關於琥珀最早的部分紀載就與這些琥珀珠有關。大約在西元前七五〇年，荷馬（Homer）根據更古老的詩歌傳統寫下史詩《奧德賽》（*Odyssey*）。他寫下了引人入勝的故事，如歐墨魯斯（Eumaeus）的保姆受到一條琥珀項鍊誘惑，以及佩涅洛佩（Penelope）的項鍊「用琥珀串起來，閃耀著陽光般的光芒」。數世紀以來，這些故事一直為尋寶者帶來啟發。[14] 以邁錫尼考古挖掘工作聞名的德國考古學家海因里希·施里曼（Heinrich Schliemann）曾挖出許多琥珀，包括一處藏有將近一千三百顆琥珀珠的墳墓。邁錫尼是重要的文明中心，大約在三千三百五十年前繁榮興盛，擁有發達的網絡。後續研究工作顯示，早期邁錫尼文明的琥珀珠非常多，但隨著時間推移卻愈形減少。在早期，只有少數墳墓有許多琥珀珠出土，這些墳墓通常屬於戰士階層，他們會用琥珀珠裝飾自己和裝備。到後來，許多墳墓都出現了琥珀珠，但珠子的數量比較少，這些墳墓通常屬於社會階層較低的成員，琥珀珠也許是他們的主人不要的。雖然邁錫尼文明已有專業的「樹脂切割工具」，但是至今並沒有找到琥珀工坊存在的證明。儘管如此，一般認為當時已有琥珀加工，也許與其他工藝一起，也許是非正式的。考古挖掘工作還顯示，琥珀珠有時被重新加工，例如做成訂製的圖章模。很重要的是，科學家已經證實，至少有五分之一的「琥珀」標本是由另一種比琥珀年輕許多、外觀相類似的亞化石樹脂材質製成。這一點讓波羅的海琥珀全球貿易的相關傳統論點變得更複雜。[15] 它也讓人注意到周圍地區的琥珀與其他琥珀類材質。以色列、黎巴嫩與約旦都有琥珀礦藏。然而，至今幾乎沒有證據顯示這些材質有經過藝術性的開發利用。一座據稱在現今伊拉克挖掘出來、長期被認為屬於「古代亞述文明」的雕像，其實是用黎巴嫩琥珀製作，這讓人對其真實性產生懷疑。[16]

琥珀與太陽

邁錫尼出土的任何文物都沒有梯林斯（Tiryns）附近出土的琥珀那樣壯觀和有趣。一九一五年，梯林斯附近出土了一批琥珀，屬於一個約三千兩百年前的貴族家族。這批琥珀包含了一些不尋常的物件，它們被描述成輪子：環繞著金絲線圈的十字型青銅輻條。這些輻條穿有骨骼形狀的琥珀珠。有人認為，這些曾經是由發光的琥珀、閃亮的黃金與拋光的青銅所組成的閃亮構造，與太陽崇拜有關。由於琥珀在希臘文中被稱為「elektron」，學者認為這些輪子可能與荷馬用來指稱「太陽」的「elector」一字有關。[17]根據文獻，這些巢狀的輪子是被稻草包裹的神秘祭品，由生活在北風之外的人們送到希臘基克拉澤斯群島（Cyclades）的提洛島（Delos）的太陽神菲比斯（Phoebus）／阿波羅神殿。[18]

許多歐洲文化都將琥珀與太陽和太陽日復一日橫越天空的旅程互相聯想。在俄語、拉脫維亞語與立陶宛語中，代表琥珀的字分別是yantar、dyintars和gintaras，它們全都被認為來自拉丁語動詞jentare（吃早餐的意思，將琥珀聯想為清晨）。至少有一位古代歐洲作者認為，太陽光有助於琥珀的形成：夕陽的光線以如此強大的力量照射地面，造成地面出汗，而這些汗水就成了琥珀。[19]在斯堪地那維亞，人們崇拜太陽，祭司使用鑲嵌在青銅器的琥珀盤「托住」太陽。當抬起這些圓盤時，光線照亮了一個由許多小鑽孔構成的十字架（圖25）。在出土於立陶宛與愛沙尼亞的琥珀圓盤上，雕刻的波浪線條可能代表太陽。但是也有人認為，這種複雜的圖案可能與羅盤的點、季節或時期如春分秋分和冬至夏至有關。

部分琥珀物件經歷了令人印象深刻的遷移，太陽崇拜無疑是背後的原因。考古學家曾在蘇格蘭奧克尼群島（Orkney Islands）的墓地挖出一條獨特的琥珀項鍊與幾件琥珀飾品，這些都與一具火葬女性遺體埋在一起，唯一相似的形式得追溯到英格蘭的威塞克斯（Wessex），那裡的琥珀

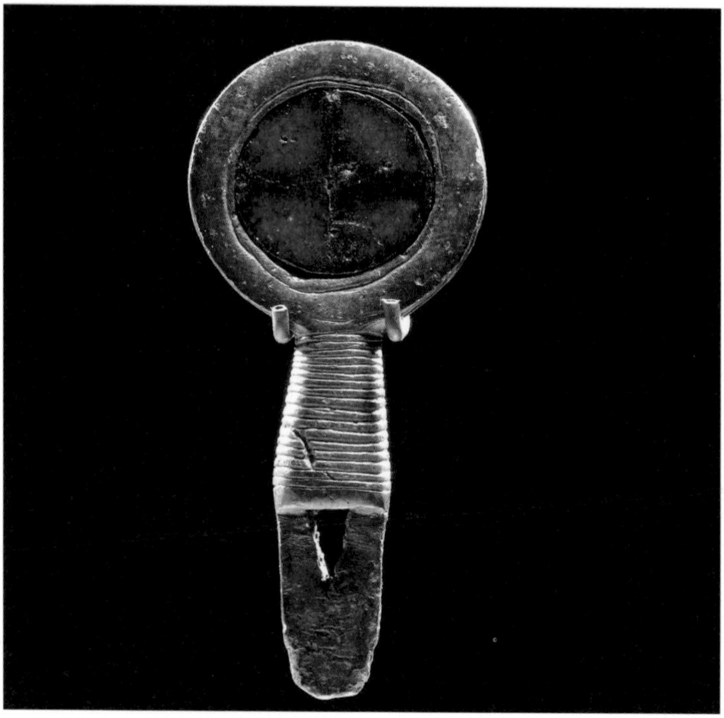

〔圖 25〕出土於丹麥的太陽支架，確切地點不明，
約西元前 1200 年，材質為琥珀與青銅。

項鍊是用特別鑽孔的隔板做成的月牙形垂掛飾品。一般認為，這名女性的琥珀項鍊可能是巨石陣冬至儀式的紀念品。[20]與太陽的密切關係是琥珀運用方面始終如一的主題。在義大利的伊特魯里亞文明（Etruscan），錢包形狀的琥珀珠仿自金屬太陽護身符。金屬吊墜由男性佩戴，琥珀吊墜由女性佩戴，亦為女性的陪葬品。即使在今天，陽光也是強而有力的主題之一。在出土於立陶宛的琥珀中，最大的一塊命名為「太陽石」，這塊琥珀曾經兩次從帕蘭加（Palanga）的琥珀博物館失竊，現已成為傳奇。

琥珀與女性

古代不列顛普遍的火葬習俗，讓人們無法確定不列顛群島居民珍視琥珀的程度。一件令人印象深刻的琥珀杯由一塊拳頭大小的琥珀製成，於一八五六年出土於霍夫（Hove），是一名大約三千三百年前至三千兩百年前去世男子的陪葬品，目前尚不清楚此類文物是否獨一無二。[21]歐洲各地還發現了其他這種形狀的金杯。就大不列顛來說，很難從男性／女性消費的角度討論琥珀。其他地方的情況就不一樣了。

伊特魯里亞文明約在西元前八世紀到西元前四世紀末統治著大致由托斯卡尼、翁布里亞到拉齊奧組成的義大利境內地區。從這個中心位置，他們得以控制第勒尼安海（Tyrrhenian Sea）與亞得里亞海的貿易，以及連接義大利半島北部與南部的路線。伊特魯里亞人的陪葬品證實了該文明的發達與覆蓋程度，以及女性與琥珀之間的緊密關聯。學者爭論著墓葬用品是否在生前與死後都會被使用，因為有些物品可能專門用於墓葬。然而，磨損與修復的痕跡顯示，琥珀受到珍用，它們的象徵意義在宗教與儀式方面具備重要性。

在伊特魯里亞社會中，琥珀尤其和出生與重生聯繫在一起。它被用來製作女神神像以及涉及生育、分娩與進入死後世界的形象。最明顯的是雙腿分開與手放在腹部的女性。裝滿化身的船可能與喪葬儀式有關。有些雕像結合了兩個以上的象徵符號，可能是為了放大力量，例如將寶螺（cowrie shell，會讓有些人聯想到女性的外陰部或子宮）與繁殖能力強的野兔結合在一起。在埋葬女性的頸部、胸部與骨盆都發現了類似的琥珀。[22]也有發現女性埋葬時穿著布滿大量琥珀與玻璃珠的衣服。一些考古學家將這些解釋為婚服。[23]伊特魯里亞人的墳墓顯示，琥珀與婦女尤其關係密切。然而，由於無法確定所謂摩根琥珀（Morgan Amber）等傑作的地點與脈絡，意味著無法得知它們主人的性別與年齡（圖26），儘管有可能想像它們原本的外貌。在這些現在看來很有雕塑感的物品中，有很多是為了製作胸針而打孔的。

在北歐，出身高尚的凱爾特（Celts）女性也佩戴琥珀，有將琥珀繫在腰帶上，也有佩戴多達五百顆琥珀珠串成的浮誇項鍊。近年來最引人注目的發現之一，是德國貝特布爾（Bettelbühl）的一座墳墓，被認為屬於一位年齡在三十到四十歲之間的公主或女祭司，可能還有她的女兒，大約在西元前五八〇

上，春天的海浪會將琥珀拋到岸上。」該地區的居民，也就是皮西亞斯口中的古通人（Gutones），將琥珀用做燃料，並與鄰居條頓人（Teutones）進行交易。[27]

學者辯論著波羅的海諸多島嶼中哪一座才是皮西亞斯的阿巴魯斯，因為確認了這座島嶼的位置就能得知這位航海家的路線。有些認為阿巴魯斯的名稱來自凱爾特語的蘋果，指出在凱爾特人的傳說中，有座島嶼長滿了樹，樹上結的果實掉下來變成琥珀。也有人強調，古通人是瑞典哥特蘭島（Gotland）居民。同時代有位名叫蒂邁歐（Timaeus）的探險家為阿巴魯斯起了另一個名字。他說阿巴魯斯也稱為巴西利亞（Basilea）。現在，有些共識認為巴西利亞就是黑爾戈蘭（Helgoland）。黑爾戈蘭位於日德蘭半島（Jutland）西方，易北河（River Elbe）河口，是菲士蘭（Frisian）死神的神話領域，其名稱有勝地之意。巴西利亞很可能是這個字的希臘化名稱。

移動的琥珀

日德蘭半島可能是環繞著波羅的海的許多地區之一，波羅的海琥珀就是從那裡運出去。貿易路線的繪製一直是琥珀研究的核心主題（圖28）。現在人們認為，琥珀是經由奧得河與維斯瓦河往南向內陸運輸，然後沿著不同的陸運與河運路線抵達匈牙利與黑海。琥珀可能沿易北河下行至與沃爾塔瓦河（Vltava）交匯處，穿過波西米亞南部到林茲（Linz）與多瑙河（river Danube）。從這裡，它

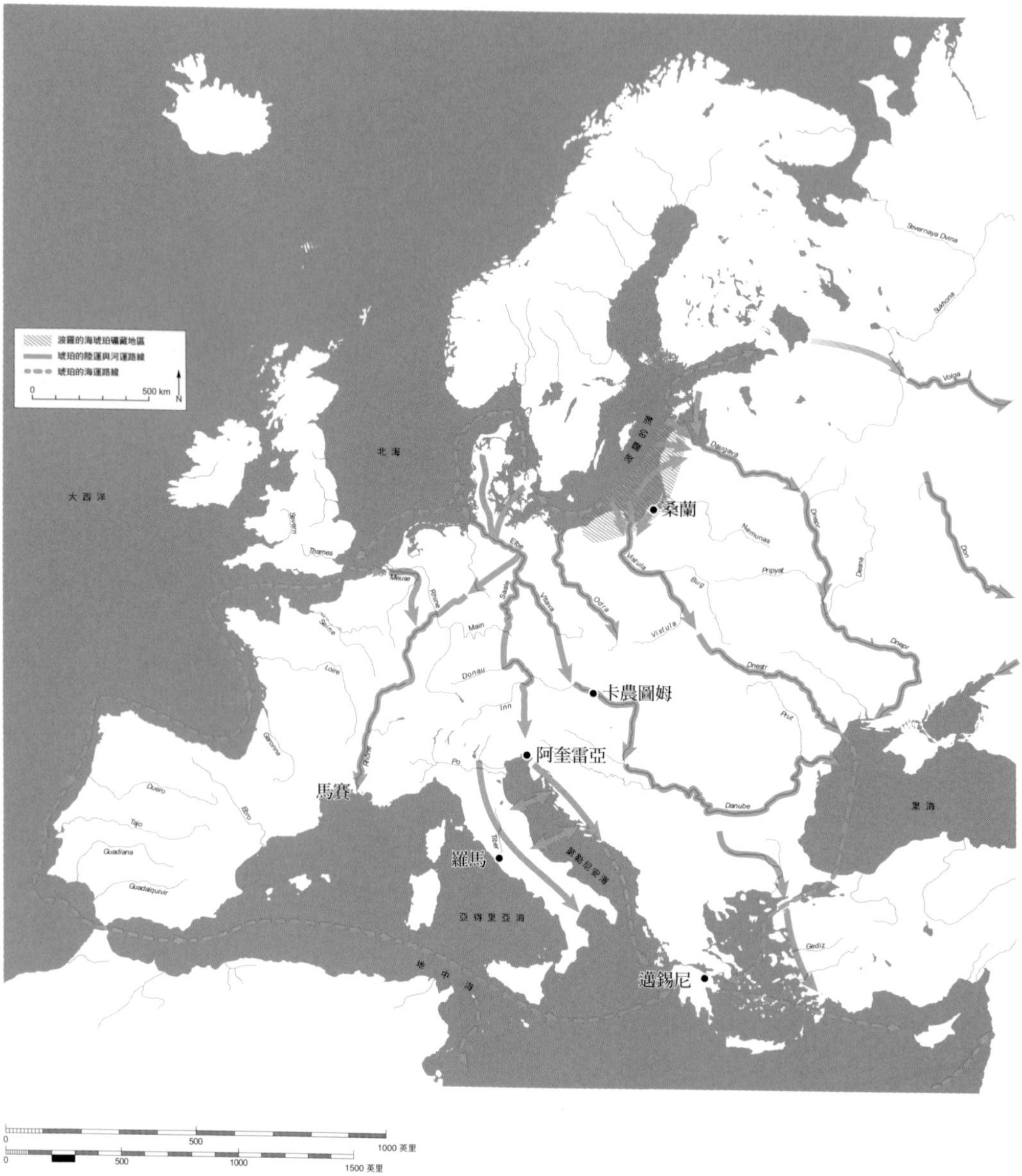

〔圖 28〕始於波羅的海沿岸的古代與中世紀琥珀貿易路線。

可以到達奧地利、匈牙利、德國與瑞士的市場，只要穿過阿爾卑斯山就可以到達義大利與亞得里亞海沿岸。[28]這些路線繼續激發著現代人的想像力。它們啟發了露營車指南、郵票，甚至硬幣設計的靈感。在波蘭，該國主要的南北向公路被稱為琥珀公路。在奧地利，羅馬時期的卡農圖姆（Carnuntum）是琥珀通往義大利阿奎雷亞（Aquileia）的中轉站，孩子可以參加以琥珀為主題的尋寶活動，在提供琥珀主題菜單的餐廳用餐，並隨著琥珀音樂劇歡唱（圖29）。[29]

如果要解釋將琥珀輸送到歐洲各地的機制與交易，則需要更多研究。在波西米亞、奧地利、羅馬尼亞、阿爾巴尼亞、塞爾維亞、希臘、斯洛維尼亞、克羅埃西亞與義大利發現的工藝品通常有相似的形狀，但是

〔圖29〕貝蒂・伯恩斯坦（Betty Bernstein），「擁有一塊神奇琥珀的女孩」，為旅遊推廣活動的代言人，參考網站「www.betty-bernstein.at」。

它們如此相似的原因還尚待了解。隨著時間的推移，有可能確定這些文物是透過中間人或個人遷徙而直接到達南方消費者手中。也有人提出有關向北到瑞典與芬蘭，以及向西到英國與愛爾蘭的路線問題。例如，為什麼德國南部與地中海邁諾斯文明（Minoan Mediterranean）會出現具有英國特色的琥珀類型？到目前為止，歐洲學者對於琥珀如何抵達亞洲知道的不多，這是因為在英語或其他歐洲語言的印刷品中，幾乎沒有提及有關同時期中國等地區的琥珀。

古代中國的琥珀

中國最古老的琥珀藝術出土於四川三星堆遺址。三星堆文化大約在三千兩百年前（約西元前一三〇〇至西元前一二〇〇年）蓬勃發展，大約與前面討論過的歐洲邁錫尼文明同時代。已知最古老的琥珀文物是一個心形的琥珀吊墜，上面刻有禪與樹枝，由一處祭祀坑挖掘出來。[30] 在三星堆以後的商朝（西元前一六〇〇至西元前一〇四六年）、春秋時期（西元前七七一至西元前四八〇年）與戰國時期（西元前四八〇至西元前二二一年）等，出土文物少有琥珀。大多數為單顆琥珀珠，但也有特殊的雕件，例如唐山曾有與兒童遺體一起埋在骨灰甕裡的琥珀老虎雕件。[31]

在中國，人們開始嚴肅對待琥珀的消費與鑑賞是始於漢代（西元前二〇六至西元二二〇年）。現存的文物與軼事紀載強調了這種材料的珍貴性，顯示它幾乎只由王公貴族所享有。當時有些作家簡要地敘述了琥珀的加工形式。最引人注目的是琥珀枕頭，但是沒有一個倖存下來。[32]留傳下來的有老虎、蛙、龜、鴨、蝶與兔等形狀的小型裝飾品，還有模仿青銅器形狀的個人印章。[33]這些動物與幸運和保護有關，磨損的痕跡顯示它們有實際用途，而不完全是象徵性的物件。這些雕件的發現過程與它們身上的穿孔顯示，許多雕件可能被佩戴過，有些與玉石和珍珠串成項鍊，或是作為頭飾戴在頭髮上。[34]有趣的是，出土於西漢海昏侯墳墓中一顆有內含物的琥珀珠。海昏侯死於西元前五九年，其墳墓於二〇一一年挖掘出來，這顆琥珀珠顯示西漢人也很重視琥珀保存昆蟲生命的能力。[35]中國的西側也曾有漢代琥珀出土，例如阿富汗蒂拉丘地（Tillya Tepe）。[36]

琥珀與古羅馬

大多數歐洲琥珀歷史始於羅馬時期。第一批有關琥珀的詳盡拉丁文紀載就是出現在這個時期。它們不僅總結了前幾世紀已經失傳的文字紀錄，還深入介紹了當時對這種材料的迷戀。最著名的作品出自老普林尼，他是一位政治家、軍事指揮官、哲學家與博物學家，在兩千年前於西元七九年八月摧毀龐貝城的維蘇威火山爆發中喪生。[37]

老普林尼用了整整兩章的篇幅介紹琥珀。在第一章，他反駁了關於琥珀來自哪裡與琥珀到底是什麼的「謊言」，第二章則討論了琥珀的類型與用途。琥珀不是他個人想要擁有的材料，他更將琥珀製品視為浪費的奢侈品。普林尼曾見過用琥珀裝飾圓形劇場裡裝動物的網，以及用來裝飾武器、坐椅與其他設備。他覺得琥珀沒有任何實際或合理的用途，最糟糕的是，它特別受女性喜愛。他感到厭惡的是，小小的琥珀雕刻品比奴隸還值錢。尤維納利斯（Juvenal）稍後曾在文章中嘲弄那些花錢買琥珀的人，他嘲笑一位百萬富翁，據說他因為「對他的琥珀、雕像與佛里吉亞（Phrygian）大理石、象牙與玳瑁飾板的安危感到焦慮不安」而命令「一隊奴隸拿著防火砂桶徹夜守候」。[38]

此外，他也曾聽說過前往波羅的海的羅馬人將琥珀稱為glaes（拉丁文glaesum），這個字與現在的玻璃（glass）一字有關。他們還談到一座島嶼：奧斯特拉維亞（Austeravia，其中「rav」在丹麥語和挪威語是琥珀的意思，來自古挪威語的「raf」，意思則是狐狸）。奧斯特拉維亞又名葛萊薩里亞（Glaesaria）。在老普林尼死後約二十年，塔西佗寫下了他對該地區的描述。他指出，居住在「斯維比海右岸」的埃斯蒂人（Aesti）在淺灘與海灘上收集琥珀：

跟野蠻人一樣，他們沒有問過和弄清楚它的性質或生成原理；恰恰相反，它長久以來和其他來自大海的雜物一起被埋沒，絲毫不受注意，一直到我們的奢侈行為給了它一個名稱。對他們來說，這種東西毫無用處：他們收集原石，未經加工售出，對支付給他們的價格瞠目結舌。[39]

羅馬人認為自己在文化與技術上都領先於日耳曼人，並用琥珀反映這一點。在桑蘭的墓地中發現的羅馬硬幣，證明羅馬人早在三世紀就與該地區有相當的接觸。迄今鮮少有加工琥珀出土的情形，可能顯示當地人對琥珀有不同的消耗形式。羅馬人所珍視的琥珀不是在波羅的海而是在亞得里亞海頂端的阿奎雷亞加工。阿奎雷亞是一個主要的琥珀加工中心，複雜精美的雕刻品從這裡運往帝國各地。[40]琥珀工匠製作了餐具的把手、香水瓶、棋子、遊戲與賭博用的骰子、梳子、紡紗的小型工具、吊墜與羅馬諸神的小型雕像，尤其是邱比特和拉爾（Lares），例如圖20。

歐洲第一個千年的琥珀

當西羅馬帝國動搖與崩潰時，歐洲大陸的政治格局發生了巨大的變化。[41]在大約一千七百到一千兩百年前，歐洲不同民族從他們的歷史中心地帶遷出——歷史學家稱之為大遷徙時期（Great Migrations）。在大約一千八百年前至一千五百年前，波羅的海南岸居民對琥珀的消耗有了成長。在波羅的海以外的地區，琥珀仍然與該地區聯繫在一起，尤其是因為這些人將琥珀運用在外交上。六世紀政治家卡西奧多羅斯（Cassiodorus）回憶說，有個埃斯蒂代表團來到拉文納（Ravenna），為東哥德國王狄奧多里克（Theodoric）準備了波羅的海琥珀作為禮物。不過這份禮物似乎成了一場災難。這些埃斯蒂人無法說明材料的具體來源，讓人覺得他們有所隱瞞。[42]

東哥德王國只是在羅馬留下的政治真空中發展起來的強大勢力之一。在北高盧（North Gaul，現在的荷比盧與德國萊茵地區）有墨洛溫（Merovingian）王朝統治的法蘭克人，在英格蘭有盎格魯撒克遜人。他們全都會用琥珀，主要以琥珀珠的形式，而且數字相當驚人。最近大約兩百座墨洛溫王朝的墓穴研究中，挖出了五千五百顆琥珀珠，這意味著在墨洛溫王朝的墓穴中，每十顆珠子裡就有一顆是琥珀，而且每三座挖出珠子的墓穴就有一座有琥珀。[43] 中世紀早期的英國，琥珀經常和透明的白水晶結合運用。其中一件飾品沉重的圓盤狀白水晶兩側都安上了大小適中的琥珀珠，由於非常重，佩戴時不得不用兩個扣衣針將它懸掛起來。琥珀飾珠也會被固定在劍上，顯示琥珀在保護戰士與作為身體裝飾方面的應用。[44] 這些都體現出人類與琥珀之間關係的連續性與普遍性。

中國第一個千年的琥珀

在三國時期（220-280），琥珀的使用持續展現在能用琥珀裝飾自己的人身上。王公貴族繼續用琥珀陪葬，就如開始大量使用琥珀的漢代（西元前二〇六年至西元二二〇年）。[45] 然而，第一個千年也是中國琥珀創新的時期。西歐地區一直到二十世紀才廣泛將琥珀運用在鑲嵌物，不過在中國，現存最早的琥珀鑲嵌技術據稱是受到斯基泰人（Scythian）的啟發，相關文物可見於東魏時期與一位年輕柔然公主（死於西元五五〇年）的墳墓。[46] 琥珀鑲嵌在唐代（618-907）逐漸發展，開始出現在香爐等物品上。琥珀也用來製作容器與飲水器具。

雖然緬甸琥珀在漢代末期已經為人所知，但中國在此時期與之後的時代所消費的琥珀似乎大多來自波羅的海。《魏書》（551-554）、《梁書》（635）、《隋書》（636）與《唐書》（約九四一年）都將中亞與西亞的諸多地點列為供應地，像是杜尚別（Dushanbe）、撒馬爾罕（Samarkand）之類的城鎮都位於將中國瓷器絲綢運往歐洲的貿易路線上，並將歐洲的材料帶到中國。原始資料還提到大秦的重要性，大秦是中國古代對羅馬帝國的稱呼，或僅被中國所知的部分，大致指稱現今的敘利亞。唐朝與宋朝（960-1279）詩人用琥珀色來形容蘭陵黃酒（一種用發酵米、大麥或玉米製成的飲料）時，是否早就知道羅馬帝國的類似傳統？不管答案是什麼，用琥珀作為比較的情形，顯示這種材料已經廣為人知，當作參考具有普遍意義。[47]

琥珀不僅轉化為物品，也因為對於健康有益的特性而受到珍視。八世紀晚期位於西安的何家村窖藏的銀製容器中收有琥珀，以及藥材、香料與其他被列為佛教七寶的物質。琥珀有時會被視為佛教聖石，有些人也認為它象徵佛陀的血。因此，琥珀長久以來在佛教信仰中扮演著重要角色。

某些物件有著迷人的故事。西安法門鎮一座為供奉佛陀舍利而建的寺廟，下方地窖曾有琥珀貓雕件出土，這是在雨水沖走部分結構後的發現，轟動一時。與歐洲地區羅馬時期文物同主題的範例進行比較，得出的結論是：這些琥珀貓雕件為歐洲製造，而且使用的是波羅的海琥珀。據推測，它們是經由中國東北方或蒙古送到唐朝宮廷的禮物。這個地區很快就成為中國琥珀史上極為重要的地區。

在閱讀中國第一個千年的琥珀相關文章時，絕大部分引人注目的不是唐朝或宋朝的琥珀，而是遼代（907-1125）的琥珀。遼代領土包括內蒙古與中國北部和東北部的大片地區。遼代約莫與歐洲的維京人同時期，又稱契丹，大約在西元一〇〇〇年達到軍事實力的巔峰。[48] 他們的地理位置優越，南接宋朝，東接朝鮮與日本，北面是西伯利亞人與吉爾吉斯人，西方則有阿拔斯帝國（Abbasids）、薩曼王朝（Samanids）與喀喇汗國（Qarakhanids）等。

遼代墓葬有大量琥珀出土（圖30、31）。在青龍山鎮挖掘的遼代陳國公主與駙馬合葬墓（西元一〇一八年逝世），出土的琥珀高達兩千件。公主與駙馬的陪葬品有琥珀首飾、琥珀香水瓶與琥珀手柄的狩獵器具等。測試顯示，這些琥珀大多來自波羅的海。一般認為，這些琥珀不僅是經由現在不合時宜地稱為「絲路」的路線所獲得，也有經過更北方基輔羅斯人（Kyivan Rus）的毛皮之路所取得。基輔羅斯人從波羅的海經由諾夫哥羅德（Novgorod）交易琥珀，沿著窩瓦河（River Volga）與聶伯河（River Dnieper）向南運送到拜占庭帝國與阿拉伯世界。他們還經由陸路與高加索地區和該地區的汗國（khanates）進行貿易。雖然現在已知黎巴嫩有少量琥珀，但幾個世紀以來，在近東與中東最容易取得的琥珀是波羅的海琥珀。[49]

〔圖 30、31〕遼代的飾板，11 至 12 世紀，材質為琥珀。

高加索與西亞的琥珀

在里伯（Ribe）、赫德比（Hedeby）與比爾卡（Birka）等地為琥珀加工的維京人是琥珀東傳的早期關鍵人物，他們在拉多加（Ladoga）等地用琥珀交換俄羅斯毛皮。商人從拉多加將琥珀運往伊朗與伊拉克。到了十一世紀，琥珀在精英階層已廣為人知，在加茲尼的馬哈茂德（Mahmud of Ghazni）的宮廷中也有詩歌提及琥珀。詩人溫蘇里（Unsuri）與法魯基（Farrukhi Sistani）將眼淚比作琥珀，把戰爭中撒下的鮮血比作琥珀珠。[50] 後來，十三世紀波斯詩人魯米（Rumi）提到琥珀摩擦時吸引細小稻草的力量，就像戀人之間的吸引力。[51] 在阿拉伯與波斯語中，琥珀的稱呼分別是kahroba 與 kahraba，它們的意思類似於「稻草掠奪者」，指的是琥珀吸引輕盈物質的能力。

人們對這些琥珀來歷知道的不多。一個與魯米同時代的人曾寫道，伊朗北部呼羅珊（Khorāsān）地區的琥珀是從海邊經過東歐或中歐抵達。[52] 愈來愈多證據顯示，在第一個千年的後幾世紀與第二個千年的前幾世紀，波羅的海琥珀已經廣泛存在於西亞地區。最近，考古學家挖到了在蒙古入侵羅斯領土時被摧毀的建築物，這些遺址挖掘工作增加了我們對琥珀的認識，也揭露了其分布範圍。在莫斯科以東約一百九十五公里的弗拉迪米爾（Vladimir），一座毀於一二三八年的建築物廢墟裡發現了約莫兩百公斤的琥珀。琥珀按大小分級，儲存在地窖層架的籃子裡，顯示有一定的專門化程度。在基輔，一二四〇年被洗劫的商人房舍保存了琥珀加工的證據。此處挖掘出三間獨立的琥珀工坊，還有未加工的琥珀，以及加工過的琥珀珠與十字架。[53]

大遼的琥珀

基輔距離波羅的海只有九百六十五公里，到青龍山鎮大約是這個距離的八倍。再往東，到了大遼統治的中國，波羅的海琥珀極其珍貴。只有皇室與高級官員才能擁有波羅的海琥珀，而且即使在那個時期，帝國各地的琥珀消耗也不是持續性的。墓葬中可以看到各式各樣的琥珀製物品，可惜許多墳墓遭竊，最好的琥珀可能也被盜走了。時至今日，許多琥珀物件依然迷人：光芒四射的鳳凰、吠叫的狗、多汁的桃子、綻開的石榴與色調柔和的牡丹花。琥珀也被雕刻成傳達契丹人身分精髓的形式：船頭掛著魚網的船或胖乎乎的熊與高貴的鹿，頌揚著捕魚和狩獵在契丹人生活的重要性。學者認為，穿戴琥珀對契丹人而言象徵著地位與財富，以及民族、政治與文化歸屬等，讓他們有別於其他鄰近的民族。[54]

契丹人會將橙色的琥珀搭配閃閃發光的黃金，以及綠松石、紅珊瑚、白水晶、白珍珠與乳白色的玉等材質一起佩戴，以許多繽紛色彩當作裝飾。考古學家分析墓葬琥珀物件的排列，注意到琥珀特別用於頭飾和臉部輪廓。在陳國公主的精美頭面中，兩塊琥珀龍形飾件構成珍珠頭飾的末端，下面垂掛著精緻的金箔葉片。整件頭飾必然給人一種神奇的印象，在光線照射下閃閃發光。後來的契丹琥珀兼具了實用性與裝飾性。許多精美雕刻的形式實際上是容器。這些琥珀容器被認為是掛在腰帶上或塞進袖子裡，可能用來儲存香料、花茶、藥粉與化妝品。這些物品與其他物件展現了對不可預測的不規則狀琥珀原石做出反應的強大能力。它們在藝術上與同時期其他珍貴材料（如玉石）的作品接近，人們也因此認為它們是由同一批工匠所製作，只是目前還沒有關於製作者的證據。

宗教敬拜與琥珀

琥珀也用於契丹人的宗教敬拜。佛教是契丹人在遼代開始信奉的新宗教。琥珀用來雕塑契丹菩薩像，也雕刻成蓮花花蕾與小型法器金剛杵，例如內蒙古慶州白塔寶庫的收藏。琥珀也用於小型舍利塔，例如天津獨樂寺所保存的，其中許多有打孔，被認為曾用來裝飾紡織品。在其他地方也有發現用金箔裝飾的琥珀，這是一種尊崇佛陀教義的實踐。目前仍須進一步研究以確定它們的用途，但它們可能是拜佛的物件或供品。若為供品，那麼問題就會是它們對其持有人有何意義，特別是因為這些物品通常不會出現在墓葬。

在歐洲，隨著基督教的到來，用琥珀表達信仰的古老習俗經歷了一次復興。在大不列顛，現存最早用琥珀頌揚耶穌基督與教會的文物，可以追溯到八世紀與九世紀。琥珀的運用是適可而止的：小塊琥珀點綴在大型環狀的鍍金銀製衣服扣件上，由尖尖的長別針一分為二。亨特斯頓

（Hunterston）胸針與塔拉（Tara）胸針是最著名的兩個例子，象徵著耶穌基督的復活（圖32）。[55]

琥珀在信仰上更明確地體現於聖杯等物件：基督徒用來舉行聖餐儀式的器皿，他們在聖餐儀式喝下象徵基督之血的酒以頌揚基督的殉難。琥珀自羅馬時代就與葡萄酒有關，它的顏色被比作義大利法勒努斯山（Mount Falernus）山坡上生產的著名白葡萄酒，法勒努斯山介於羅馬與拿坡里之間，這種酒在雙耳陶罐陳放二十年後會變成紅褐色。在愛爾蘭，琥珀用來裝飾德里納弗蘭（Derrynaflan）聖杯，並將真正的葡萄酒，以及顏色與葡萄酒

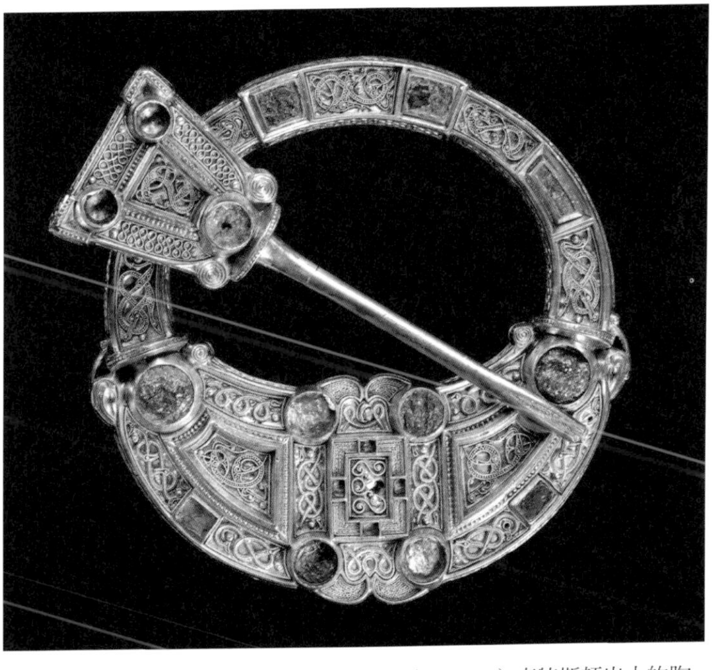

〔圖32〕1830年代在蘇格蘭格蘭亞爾郡（Ayrshire）亨特斯頓出土的胸針，約西元前700年，材質為黃金、銀與琥珀，於愛爾蘭或蘇格蘭西部製作。

相近的材料作連結。琥珀也用來裝飾福音書的裝幀，福音書本身就是上帝話語的具體體現。福音書手稿與聖杯和其他禮拜用具一起放在教堂珍藏室，精美的裝幀強調手稿並不只是為了閱讀，也是供觀賞。

珍惜琥珀

我們對於製作這些琥珀物件的工匠，以及他們是在何時、何地與為什麼採購琥珀原石，幾乎一無所知，但是確實掌握了有關物件本身的資訊。德里納弗蘭聖杯在動盪的十至十二世紀被埋葬以妥善保管。亨特斯頓胸針上面刻著一位女性的名字，可能是它的主人，名為梅爾布里格達（Melbrigda），這是常見的愛爾蘭蓋爾語名字，與聖女畢哲（St Bridget）的崇拜有關。不過有趣的是，這些字母與單詞都以維京符文與古挪威語寫成，更饒富興味的是，這件胸針竟然埋在蘇格蘭。維京人與羅斯人的關係是波羅的海琥珀傳入東亞的關鍵，而古北歐人自己也非常喜歡琥珀。維京人的都柏林與約克都有琥珀工坊，為新斯堪地那維亞人與當地居民提供珠子、吊墜（許多狀似錘子和斧頭，可能與索爾有關）、小型雕像與棋子等。[56]有些物件極其迷人，例如某只棋子被保存了好幾個世紀，其外形是撫摸著鬍鬚的沉思智者。

人類從很早就已經會使用琥珀。由於不同的加工形式，琥珀在人類手中有許多不同的體現，有些奢華、有些不起眼。有些物品會永遠珍藏並代代相傳，有些則奉獻給神靈或宗教領袖（如佛陀與耶穌基督）不再流通，有些則隨著主人進入墳墓作陪葬品。考古學家與歷史學家可能永遠無法確定製作者與所有者的個人動機，或是使用琥珀的方式。在沒有更多書面證據的情況下，他們也永遠不會知道這些物品有什麼作用，或是造成什麼影響。本章側重於現存琥珀能訴說有關古代與中世紀早期文化的各種故事，在後面的章節中，由於有更多文本、視覺與實體證據遺留下來，這種平衡發生了變化。

第四章

挖掘琥珀

在西方文學中，羅馬時期作家老普林尼是第一個討論琥珀在哪裡與如何被發現的人。他將焦點放在遙遠的波羅的海海岸，即他聽說有出產琥珀的地方（圖33）。有人告訴老普林尼，琥珀的發生率會隨著季節的天氣模式而改變，在春天被海浪捲上岸的數量最多。[1] 同期，稍晚的塔西佗寫道，當地人會積極尋找琥珀，從淺灘將琥珀舀起，也在海灘撿拾。[2] 兩千年後，情況幾乎沒太大不同。一九二九年，位於波羅的海琥珀發現地區中心的柯尼斯堡（Königsberg），即今日的加里寧格勒（Kaliningrad），有位新任大學教授奧圖．帕內斯（Otto Paneth）寫信給他的兄弟解釋要找到琥珀有多容易：

如果在暴風雨過後的某幾天沿著海灘散步，有幸在某些地方發現「琥珀礦脈」，就可以毫不費力地在許多小碎片中找到它。這種礦脈通常會在離水等距之處綿延數公里遠，一排因為暴風雨沖上岸的海藻間，點綴著在陽光下閃閃發光的金黃色琥珀。[3]

帕內斯指出，大塊琥珀比較罕見。幾世紀以來，如果大塊琥珀偶然出現，就必須依法交給政府。自條頓騎士團抵達該地區以後，一直都是如此。本章描述過去五百年來波羅的海地區居民如何採集琥珀的故事，概括論述工業化前、工業化，以及後工業化的作法。採食、捕魚與採礦是人類初次接觸琥珀的過程。無論以何種方法搜集或累積琥珀，取得琥珀的方式一直都是整段琥珀之旅的第一步，它可能隨著廢物一起被倒掉，或是運送到各個大陸。

條頓騎士團

條頓騎士團是歐洲與中東的十字軍軍事修會。在十三世紀，他們占領了普魯士並將其基督教化。無論過去或現在，這個地區都是進入波羅的海琥珀礦床的主要管道，波羅的海是西方世界琥珀礦藏最豐富的地區之一。條頓騎士團在這裡實施了所謂的「歸化權」（droit de régale），這是一項古老的法律，允許統治者主張狩獵、捕魚、採礦（礦石或鹽）與林業的獨占權利。在普魯士，他們也將這條法律應用在琥珀，而此事實後來被十八世紀哲學家伊曼努爾．康德（Immanuel Kant）用在《法哲學》（*The Philosophy of Law*, 1887）中，探討領土權利應該向大海延伸到多遠的地方。騎士團授權少數人搜集與出售這種珍貴的金色資源。重要貿易城鎮如呂貝克（Lübeck）與布魯日（Bruges）等地的商人與工匠成了中間人，將這種物質送到歐洲與其他地方。在很短的時間內，琥珀變得比以往任何時候更廣泛供應給更多人，[4] 很快就成為教團總收入的大宗，占總收入將近四〇%。[5]

為了保障這個收入來源，騎士團對持有琥珀的人進行懲罰。其中一個關鍵是「琥珀師」（Amber Master）的誕生，他們主要負責在分揀之前，先將採集到的琥珀集中到指定倉庫。後來有大量資料記載了這些琥珀師的殘酷作風。一位作家在十六世紀早期作品講到一位幽靈般的琥珀師，他會在暴風雨的夜晚到海灘遊蕩，哀嘆他們的卑劣並呼喊著「噢，為了上帝的愛，沒有琥珀了，沒有琥珀了。」[6] 一般人非法收集與持有琥珀的行為啟發了許多故事，也是十九世紀一個著名文學惡作劇的根源：《琥珀女巫瑪麗亞施魏德勒》（*Maria Schweidler, die Bernsteinhexe*, 1838）。[7]

尋找與運輸琥珀是季節性的工作。在秋季與冬季的大部分時間裡，人們會避免在波羅的海行船。政治也是個問題。騎士團經常捲入衝突（圖34）。一四六七年敗給波蘭立陶宛軍隊以後，條頓騎士團的領土被迫分割。西部以旦澤（今波蘭北方的格旦斯克）為中心的的波美拉尼亞，成了加西彌祿四世．雅蓋隆契克（Casimir IV Jagiellon）統治下波蘭立陶宛的封建封地。從西南部和靠近馬林韋德（Marienwerder，今 Kwidzyn）的維斯瓦河下游到東北梅梅爾河（River Memel，又稱 Neman 河）的東部領土則仍然在騎士團手中，但是騎士團也要服膺於加西彌祿四世。此一事件對琥珀產生了延伸性影響。

搜尋琥珀

根據一位編年史家的記載，加西彌祿四世慷慨而浪漫……

> 做了一位基督教君王會做的事，因為他知道天空與海洋，就如珍珠母、珊瑚、天然磁石與琥珀等豐富寶庫一樣，同為窮人與富人的財產。他把這些東西送給了居住在普魯士的每一個人（不管他們是誰），所以現在琥珀才能搜集與出售。[8]

加西彌祿四世支持在旦澤成立琥

〔圖 33〕俄羅斯加里寧格勒州斯韋特洛戈爾斯克區（District of Svetlogorsk）頓斯科村（Donskoe）附近的海岸，攝於 2019 年 6 月 21 日。

〔圖 34〕格倫瓦爾德戰役（The Battle of Grunwald）或
第一次坦能堡戰役（First Battle of Tannenberg），
是 1410 年波蘭立陶宛軍隊與條頓騎士團之間的戰役，
出自迪保・席林（Diebold Schilling）《伯恩官方年鑑》
（*Amtliche Berner Chronik*, 1478-1483）第一卷。

珀工行會，廢除了騎士團長期以來對琥珀加工的禁令。騎士團自然反對，但最終還是同意為工匠供貨——儘管一開始只有一年。

此時期琥珀採集資訊的原始資料來源有二，兩者都提供了一些最早積極「搜尋」琥珀而非機會性採集的證據（圖35）。第一篇據說是當地一位名叫西蒙・格魯諾（Simon Grunau）的道明會（Dominican）修士在維斯瓦潟湖的托爾克米特村（Tolkemit，今 Tolkmicko）撰寫的論述，可能是在一五二〇年左右：

> 到了晚上，你可以看到（琥珀）閃閃發光，漂浮在水上，不過最大塊的通常在海床上。但是，如果一場暴風雨從北方吹來，所有住在附近的農民都必須來到海灘，帶著網下海，將浮上來的琥珀撈出來。一個人能撈多少，就可以獲得等量的鹽。許多農民在撈捕時就這樣淹死了。[9]

第二份資料來源是蓋歐克・鮑爾，他是駐紮在薩克森邦（Saxony）西南方超過六百多公里處一座重要採礦城鎮的學者。他的專業領域是礦物與金屬的出現率、淬鍊與性質。他在一五四六年出版了關於這些主題更多面向的著作，其中包括當時人們理解的琥珀礦藏相關細節，以及琥珀的確切採集地點。他側重於桑蘭，書中這麼寫著：

〔圖 35〕菲利普・雅各布・哈特曼（Philipp Jacob Hartmann）《普魯士琥珀特質與文明歷史》（*Succini Prussici physica & civilis historia*, 1677）的雕刻扉頁。注意採集者脖子上掛著的琥珀籃。拿著鐵鍬的人站在陡峭的砂丘前，拿著網子的人站立之處水深及膝。

大約有三十多座蘇迪尼村莊（Sudini，蘇迪尼是他對當地居民的稱呼），他們居住在布魯斯塔（Brusta）／布魯斯特羅特（Brusterort），即今馬雅克（Mayak）附近的海角上，今天這些人……，用小網收集琥珀，就像捕魚一樣……。他們以實際經驗學會搜集這種礦物的最佳方法，正如他們所言，這種知識代代相傳。

當北風與西北風吹起時，

人們……，無論白天還是晚上，都會從村裡趕往海浪被風吹動的海灘上。他們帶著麻繩織成的網，用耙子的長杆將末端固定。這些網子展開時有一個人的手臂那麼長。婦女則充當幫手。在風停浪靜但海面仍高時，這些人全裸著身體，跟著退卻的海浪衝進海裡，用網子搜集從底部捲上的琥珀。同時，他們也把植物拔起來……，他們會儘快收集琥珀與任何植物，當下一個海浪打上來時，他們跑向海灘，讓妻子把網子清空……。在冬季的幾個月，妻子會用火烤過的衣服為裸體工作的丈夫取暖，這樣他就……，可以提起精神回到海裡。他一次又一次地回去，直到再也找不到為止……。他必須將所有找到的東西都交給監督者，換取與琥珀等量的鹽。[10]

　　格魯諾與鮑爾都記載過人們會用琥珀交換鹽這件事。由於許多住在海邊的農民也是漁民，鹽可以保存捕獲物。然而，漁夫以海洋為生的事實也意味著，有時會被指責只是假裝在捕魚，實際上卻在收集琥珀，於是公開警告非法持有琥珀的下場（圖36）；漁民和農民被迫發誓，即使是最親密的家庭成員，若有違法亦會告發。在後來的幾世紀裡，不僅是漁民和農民，還有他們的兒子與僕人（如果成年）、郵差和牧師都必須宣誓，而且每三年重複一次。他們還必須參加採集琥珀的活動。在其他任何時候，所有普魯士海灘都禁止進入。懲罰方

Wir Friderich Wilhelm/ von Gottes Gnaden/ Marggraf zu Brandenburg/ des Heil: Röm: Reichs Ertzcämmerer und Churfürst/ in Preussen/ zu Magdeburg/ Gülich/ Cleve/ Berge/ Stetin/ Pommern/ der Cassuben und Wenden/ auch in Schlesien zu Crossen und Jägerndorff Hertzog/ Burggraf zu Nürnberg/ Fürst zu Halberstadt Minden und Camin/ Graf zu der Marck und Ravensberg/ Herr zu Ravenstein und der Lande Lauenburg und Bütau rc.

Königsberg den 24. Martii Anno 1664.

Friderich Wilhelm Churfürst.

〔圖36〕1664年3月24日，與竊盜、走私琥珀有關的官方命令。

式從罰款、鞭笞、驅逐到絞刑不等，任何人只要「竊盜」五十公克就會受到懲罰。

蓋歐克・鮑爾從未去過普魯士，必然是從某位比較接近琥珀採集活動的仁兄那兒獲得資訊。這個人可能是普魯士公爵的醫生安德烈亞斯・戈德施密特，而戈德施密特更在一五五一年寫下對琥珀更詳盡的論述。根據戈德施密特的說法，拒絕參與琥珀採集活動會被罰款。他還解釋說，使用的漁網相當大，寬度為七十公分。他強調，裸身採集並非普遍的做法，只有在大約五公里範圍內的少數村莊才有這種習俗。[11]

儘管看來引人發噱，但裸體可能是為了避免溺水。在一幅出自十八世紀出版品的木刻畫中，記錄了撒網採集者站在深度及腰的水中（圖37）。一位十九世紀作家表示，在他那個時代，琥珀採集者通常跨進水裡一百步，或是大約在第三波海

〔圖 37〕琥珀採集的情景，出自約翰・阿摩司・康米紐斯（Johann Amos Comenius）《世界圖繪》（*Orbis sensualium pictus*, 1754）第二部分的木刻畫。

浪出來的位置。[12] 許多人一起採集也比較安全。在十七世紀晚期，一位監督者控制兩個海灘，每個海灘大約由二十五人負責採集。因此，一次採收行動可能牽涉到多達五十位採集者，在桑蘭，一天內可能有四百人工作。當巨浪快把人淹沒時，他們會轉過身來，聚集在一起，用身體破浪。漁網也是救生工具。當海浪往內陸拍打而持續衝擊著採集者之際，採集者將漁網的手柄插進砂裡並緊緊抓著。這必然是個奇特的景象。二〇一五年，一份英文報紙將俄羅斯皮奧涅爾斯基（Pionersky）的琥珀採集者活動描述為「魯莽的尋寶」。[13]

當然，也有更安全的採集方法。採集者也會從船上進行採集，用長矛將琥珀從海底弄出來，以網子或鉗子收集（圖38）。就價格而言，用鉗子採集的琥珀是用網子的兩倍，因為礦石的狀況比較好。最安全的方法是在腐爛的海藻中尋找被沖上岸的琥珀，婦女與兒童亦可參與。這種琥珀通常稱為「老琥珀」，因為受到大海的連續撞擊、破碎與風浪衝擊。一五三七年，老琥珀的價格比撈捕琥珀大約低了三分之二。[14]

從大海到市場

安德烈亞斯・戈德施密特也記錄了明確的採集後處理。當時的琥珀大師名叫漢斯・福克斯（Hans Fuchs）。福克斯會安排將琥珀裝入木桶中，最終運送到洛赫施塔特（Lochstädt，今帕洛沃

Pawlowo）。送達以後會進行分類。三個主要類型為：普通礦石、工藝礦石與特殊規格礦石。戈德施密特並沒有解釋這些術語的實際意義，但還好他的同胞塞韋林．戈培爾（Severin Göbel）在十五年後提供了解釋：

> 普通礦石之所以如此稱呼，是因為它是最小且品質最低的礦石；畫家及木匠等人會用這種礦石來清漆。另一種是所謂的工藝礦石，可以做成各式各樣的成品。第三種稱為特殊規格，最大塊。[15]

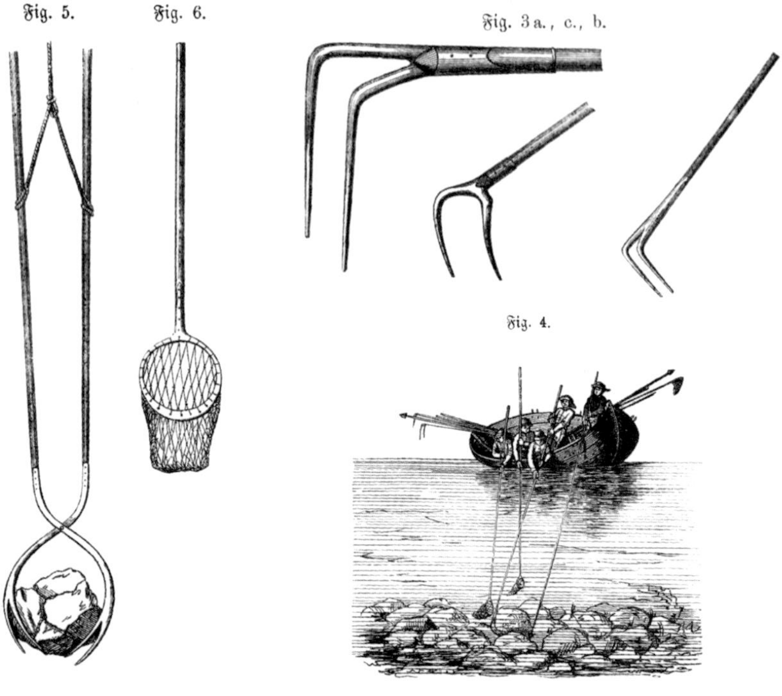

〔圖 38〕撈琥珀的工具，出自威廉．隆格（Wilhelm Runge）《東普魯士的琥珀》（*Der Bernstein in Ostpreussen*, 1868）。

十七世紀的琥珀師漢斯．尼可勞斯．德米格恩（Hans Niclaus Demmigern）在任期間曾撰寫一則指示，對尺寸、顏色與質地提供更詳盡的說明——

工藝礦石：長度、寬度與厚度相當於人的拇指，為棕色或紅色。同上，如果棕色或紅色礦石恰好超過這個尺寸，而且品質不太好、堅硬但充滿裂縫與洞，則是有剛毛與「蟲蛀」。

特殊規格礦石尺寸相同，但是，

其顏色是深黃或淺黃色。如果特殊規格礦石比人的拇指更長、更寬且更厚，卻有「蟲蛀」、滿是洞、看來有剛毛或不健康，它仍然屬於特殊規格礦石。

德米格恩還強調有另一個類型——

頂級礦石：寬度夠、大而堅實的礦石。同樣地，比大拇指長度更寬、更厚，也很堅實的就屬此類。它是透明、輕盈且堅實的礦石，重量在七十公克以上，或者重量小於七十公克但堅實、火紅且清透的礦石。白色、淺綠色或乳白色的礦石，以及特殊規格

> 的白色礦石，無論大小……，都屬於頂級礦石。[16]
>
> 普通礦石是上述之外的所有琥珀，除了白色琥珀（作為藥物）以及顏色罕見的琥珀，這類琥珀則會單獨挑出並送到琥珀師那兒。現在的情況非常類似。琥珀根據重量進行分類，按重量分類出售。截至二〇二〇年二月，重量在二至五公克之間的琥珀，每塊售價約為每公斤四百五十英鎊，而重量在五百公克至一公斤的大塊琥珀，價格約為四千三百英鎊。[17]

在洛赫施塔特進行分類後，這些木桶會經由柯尼斯堡轉運到旦澤，再透過人脈較廣的商人家族賈斯基（Jaski）安排銷售（圖39）。賈斯基家族在一五三三年買下了這個權利，在第一次付款後，無論接下來是否供應了約定的數量，每年都要支付固定的費用。一五三三年受皇帝冊封為貴族的保羅・賈斯基（Paul Jaski）是獲得此權利的第一人，他在低地諸國（Low Countries）有合作伙伴。他的十個孩子中，有幾個在歐洲其他地方上大學，並在國外定居。儘管條頓騎士團的繼任者普魯士公爵曾多次試圖重新談判，賈斯基家族仍然控制琥珀銷售長達一個多世紀。例如在一五八六年，奧爾格・腓特烈公爵（Duke Georg Friedrich）試圖打破他們的控制，但賈斯基家族向保護者波蘭國王求助，而波蘭國王予以支持。這樣的控制最終在一六四〇年代打破，當時的選帝侯腓特烈・威廉一世（Elector Friedrich Wilhelm）支付了相當於八百八十公斤白銀的貨幣，重新獲得控制權。這筆費用攤成四年支付，在一六四七年，腓特烈・威廉一世成為第一位完整掌握琥珀從海上採集到銷售過程的普魯士統治者。18

繪製琥珀地圖

普魯士當地人撰寫的幾篇專論提供了關於波羅的海琥珀的重要資訊來源。但是他們為什麼要費心寫下來？搜集、分類與銷售琥珀又為什麼在十六世紀變得如此重要？原因在於當時政治與宗教的變化。一五二五年，當時的條頓騎士團大團長霍亨索倫的阿爾布雷希特（Albrecht of Hohenzollern）改信奉路德教派。這迫使他和他的繼承人建立一個世俗化國家，此後以公爵的身分繼續統治。這些地位的變化使阿爾布雷希特開始關注該國的領土、邊界、歷史與資

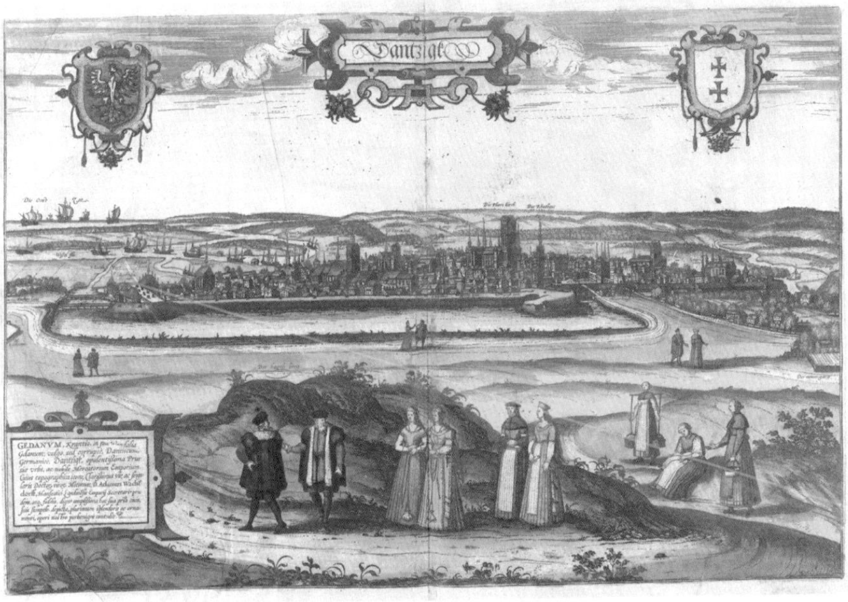

〔圖 39〕旦澤全景。手工彩色版畫，
出自蓋歐克．鮑爾與法蘭斯．霍根伯格（Franz Hogenberg）
《世界城市圖》（*Civitates orbis terrarium*, 1575）第二卷。

源。普魯士公國現已成為路德教派改革的先鋒，決心要定義自己，而不是被他人定義。

阿爾布雷希特周圍都是新教學者，這些人都是與馬丁・路德（Martin Luther）為友的改革家菲利普・墨蘭頓（Philipp Melanchthon）特別從著名的威登堡大學（University of Wittenberg）的師生中為他挑選。繪製領土地圖尤其是優先任務。最早幾張特別標出琥珀並繪製桑蘭、庫爾斯瀉湖（Curonian Lagoon）與維斯瓦瀉湖的地圖可以追溯到阿爾布雷希特統治時期。烏勞斯・馬格努斯（Olaus Magnus）巨大的《海圖》（*Carta Marina*, 1539）中，透過一位琥珀採集者的身影我們能定位出有琥珀蹤跡的海岸。塞巴斯丁・繆斯特（Sebastian Münster）的地圖在其《世界誌》（*Cosmographia*）的每一版中都有翻印，並告訴讀者「此處找得到琥珀」。目前已知這張地圖是以一份為了支援蓋歐克・雷蒂庫斯（Georg Rheticus）的地理誌提案而繪製的地圖為基礎。[19]

普魯士的地理與自然資源有密不可分的關係。雷蒂庫斯也研究了普魯士的琥珀，並以亞里斯多德的礦石理論探討。根據亞里斯多德的說法，太陽造成地球的體液蒸發，然後凝固。雷蒂庫斯強調，儘管普魯士北部的太陽很低，琥珀的生成並沒有受到阻礙，這證明了太陽斜射與從正上方直射一樣有效。[20] 統治者必須了解自家門口的資源，因為開發這些資源的權利完全屬於他們，這些資源可能是獲得巨大財富的關鍵。在雷蒂庫斯的時代，自然資源並不被視為偶發，而是當作上帝的特別禮物頌揚。加里寧格勒工業大學的一位教授最近在受訪時也說了類似的話。他說：「琥珀不是品牌，是我們生活的一部分，非常珍貴也非常特別，是上天賜給我們這個地區的禮物。」[21] 在十六世紀早期，礦石開採讓德國其他地區變得非常富有，在阿爾布雷希特公爵的統治下，琥珀管理與採集的「專業化」與琥珀帶來財富的潛力有關。複雜分級系統的發展與應用的多樣化，和更高的銷售性有著密切的關係。

開採琥珀

在十六世紀的歐洲，人們對於琥珀到底是不是一種樹脂並沒有共識。大部分普魯士作家認為琥珀實際上是一種瀝青，是在土壤中產生，然後在土壤中或海裡硬化。這些論點的關鍵因素之一在於琥珀既可以從砂丘挖出來，也可以在海裡撈捕到。桑蘭西岸的砂丘以一種被稱為「藍土」（Blaue Erde）的地質構造聞名。這個名稱指的是含有海綠石的一層，因此外觀呈灰藍綠色。這個沉積層被認為在一條古老河流的三角洲中形成，每立方公尺可以生產兩公斤的琥珀。[22]

在十六與十七世紀，從砂丘開採琥珀非常困難，因為「礦石深埋在地底一到兩人身高的地方」，礦工只能用鏟子挖。[23]該時期的部分地圖可以在砂丘上看到人的標記（圖40）。他們從公爵手中獲得開採許可，用桶裝啤酒與部分利潤支付。礦井和礦坑很快就會淹水，這既是好事也是壞事，因為根據一些記載，水會把砂子裡的琥珀沖走。這種採礦方式似乎並不普遍，一六四九年，一名地主試圖讓他的佃戶在砂丘挖掘琥珀，琥珀大師評為「極不尋常」。數據也呈現出類似的景況：在一六七〇

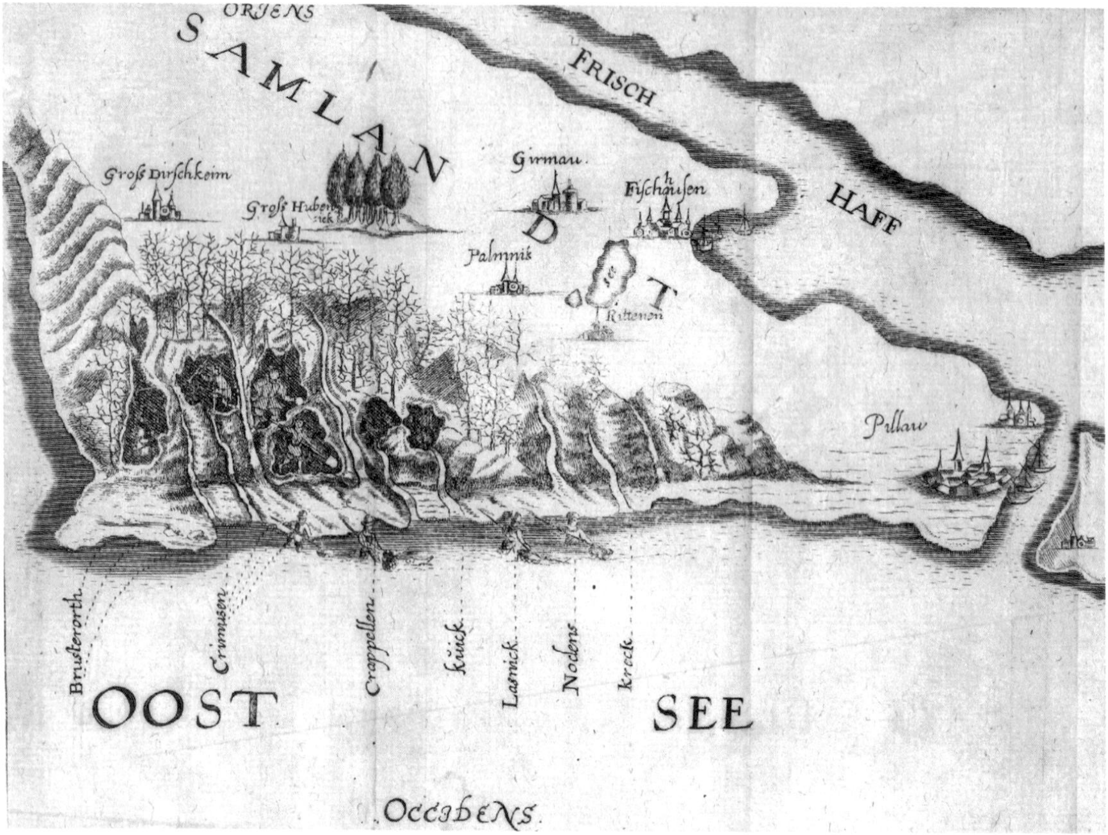

〔圖 40〕在砂丘開採琥珀與在海裡撈捕琥珀，出自菲利普・雅各布・哈特曼《普魯士琥珀特質與文明歷史……》(*Succini Prussici physica & civilis historia...*, 1677)。注意左上方的格羅斯迪施凱姆村（Gross Dirschkeim），圖 33 為這一帶砂丘的照片。右上方的費斯豪森可參考圖 9。

〔圖 41〕庫阿特羅（Cuatro）琥珀礦場，
位於多明尼加共和國埃爾瓦列（El Valle），攝於 2017 年。

至一六七一年間，格羅斯胡尼肯（Gross Hubnicken）、沃尼肯（Warnicken）與格林霍夫（Grünhof，今 Sinjawino、Lesnoje 與 Roszczino）的採礦作業只回收了八桶。在一七〇五至一七一五年間，同一批砂丘只產出不到九桶。到一七六〇年代，這種方法被認為是完全過時了，[24] 儘管它今天仍然存在，尤其是在波蘭馬祖里亞（Masuria）地區等非法開採琥珀盛行之地。

到目前為止，在世界的其他地方，臨時的礦坑、礦井與隧道也是琥珀產量最大的地方（圖41）。最近有份網路雜誌的曝光報導，以令人恐懼的細節描述多明尼加共和國的一座當代礦場：

當我和多位科學家抵達琥珀礦

場時，映入眼簾的是以柏油帆布作遮蔽的鋸齒狀礦口。這座礦場不過就是地上的一個坑，每個角落都有竹竿支撐著。在坑裡，地表之下一百四十英尺處，三名礦工正用手從周圍岩石鑽出琥珀。當我們站在那裡觀看時，我們身旁的一名年輕人走向一輛停著的摩托車，它的引擎連接著一個滑輪。他發動引擎啟動摩托車，噴出一團煙，接著引擎拉動滑輪，將一根繩子拉出礦坑——先拉出一桶拳頭大小的琥珀塊，然後是礦工。他們一個接著一個出來了，渾身是泥，打赤腳，裸著上半身。[25]

記者請一位知名的中國科學家就多明尼加礦場相較於緬甸礦場的情形進行評論。他毫不留情地批評道：「如果一代表非常安全、十代表非常危險，這些礦坑的安全程度大約是五或六……，我在緬甸見過的礦場為九或十。」

緬甸礦場位於緬甸最北部克欽邦（Kachin State）的胡岡谷地，基本上難以進入。由於這些地區普遍與世隔絕，加上政治鬥爭局勢，外國人無法造訪。幾十年來，克欽邦一直因為衝突而四分五裂。與普魯士完全不同的是，克欽邦少有琥珀開採的早期紀錄。最早的英文書面記述由一八三〇年代英國軍隊寫下。[26] 其中，漢內上尉（Captain S. F. Hannay）記錄了當地人藉由一系列在坑洞開採琥珀的情形，坑的深度在二到五公尺之間，寬約一公尺。[27] 另一人則注意到，礦坑略寬，牆上鑿洞作為讓礦工走下的臺階。使用的工具為金屬撬棍和鎬、木鏟與用絞盤吊拉的水桶。[28] 如今，礦坑可達一百公尺深，但寬度仍然只夠一人在裡面工作，而這裡的政治局勢尤其讓礦工容易受到剝削。很少有人擁有他們挖掘的土地或設備。如果在無法避免的意外事故中受傷，也無法獲得免費醫療。為了獲得挖掘或銷售許可，他們得向國家政府代表，以及當地克欽族裔民兵組織行賄與繳稅。目前，人們對緬甸琥珀相當有興趣，但好幾位學者指出，這些琥珀並沒有讓礦工受益，反倒延續了破壞他們生活的不穩定因素。

商業運作

商業琥珀開採最早出現在歐洲，建立於十九世紀中葉。一八五五年，拓寬庫爾斯潟湖通道的工程挖掘出大量琥珀，引起人們的興趣與投資。[29]一八六一年，普魯士的史坦帝恩與伯克公司提出，如果允許該公司保留開採出來的琥珀，該公司將承擔費用，並每天向政府支付補償金以繼續挖掘。

史坦帝恩與伯克公司採用傳統的礦物開採技術挖掘琥珀，這是因為當時的人們發現琥珀往往出現在以綠、灰、藍色著稱的地層中。[30]一般來說，這個藍色地層位於海平面以下約五公尺處，表土下方四十至四十五公尺之間，而在一個名叫帕姆尼肯（Palmnicken，今 Yantarny）的地方，該種地層位於地表以下一至二公尺處。史坦帝恩與伯克公司用挖掘機挖掘潟湖床與砂丘，也挖鑿出巨大的露天礦坑（圖42）。他們最初同意在每年五到九月至少提供六臺挖掘機三十天，每天支付三十馬克。

到了一八六三年，已有十二臺挖掘機投入操作，該公司每天支付四十五馬克。在五年內，他們擴大了操作區域，也將挖掘時間延長到六十天，而在十年間，它已是一間全年營運的企業，雇用一千名員工。到十九世紀末，這間公司的開採量已經是在淺灘與海灘手工揀拾的八倍之多。另一個比較不傳統的方法是潛水伕。弗里德里希・威廉・史坦帝恩（Friedrich Wilhelm Stantien）與莫里茲・伯克（Moritz Becker）在一八六七年巴黎博覽會上看到了新發明的潛水衣，而後潛水設備與兩名法國教練就這樣帶起該項業務。在一八六九至一八八五年間，史坦帝恩與伯克公司的潛水業

〔圖 42〕東普魯士帕姆尼肯的琥珀礦場，攝於 1890 年代，照片轉載自艾米爾・崔普托夫（Emil Treptow）、弗里茲・胡斯特（Fritz Wüst）與威廉・博徹斯（Wilhelm Borchers）的《採礦與冶金》（*Bergbau und Hüttenwesen*, 1900）。
另見 1677 年地圖（圖 40）砂丘頂的「帕姆尼克」（Palmnik）。

務雇用了三百人、五十艘船與六十組潛水設備。這並沒有帶來巨大的產量，一八八二年只有不到八噸，而且對海洋棲息地造成相當大的破壞。

史坦帝恩與伯克公司以工業規模開採琥珀。新的鐵路線帶來了人，但也帶來了能為挖掘機與巨大軟管提供動能的煤炭，這些軟管用來在地下爆破琥珀。礦場也有一條鐵路，將挖出的物質從礦場運到加工廠。在加工廠中，工人用水噴洗原礦，再放入滾筒旋轉以去殼，並用分揀機按大小篩選。其中五分之二會進一步手工分成十類。適合加工製作物品與首飾的琥珀大約占全部收穫的四分之一，這些接下來會再分成七十個類別。剩下的五分之三則加工成琥珀油、琥珀酸、琥珀清漆與壓製琥珀。手工分揀成無用的琥珀也會作為加工材料。整體而言，此時期發現的琥珀有七成五用於物品和首飾以外的用途。

一八九九年，史坦帝恩與伯克公司的業務由國家接管，重新命名為柯尼斯堡國家琥珀製造廠（Königsberg State Amber Manufactory）。[31] 帕姆尼肯的挖掘工作至今仍在繼續，自一九四五年成為俄羅斯的一部分以來，這裡就一直被稱為 Yantarny（俄文為 янтарь，琥珀之意）。第二次世界大戰以後，採礦仍然繼續發展，而該場收歸國家所有，給此地區帶來大約十%的收入。然而，蘇聯解體破壞了國內市場，也切斷了與供應商和批發商的聯繫，導致該礦場於一九九三年成為一家公眾有限公司。此決定後來被蘇聯最高法院推翻。

第三個千禧年的琥珀

在一九九〇年代與二十一世紀前十年的大部分時間裡，加里寧格勒地方政府敦促莫斯科的國家政府將礦場與加工廠的所有權移交給州。但由於礦場已經指定為具有戰略重要性的企業，其所有權不可能移交出去。這種情況在二〇一一年發生了變化，當時的俄羅斯總統麥維德夫（Dmitry Medvedev）最終同意將該工廠排除在戰略企業之外，重新開啟了地方參與的可能性。

如今，遊客可以站在濱海邊疆區一座巨大露天礦場的邊緣（圖43）。這座礦場始於二〇〇二年，在前一座礦場被水淹沒且其他礦藏耗盡之後開放。礦場某些地方深達六十公尺，二〇一一年的琥珀產量達三百四十二噸，這個數字遠低於一九八〇年代的輝煌時期，當時年產量總和在五百八十至八百二十噸。該礦場目前以加里寧格勒琥珀聯合公司（Kaliningrad Amber Combine）的名義運作，大量投資使其逐年改善，預計二〇二五年濱海邊疆區礦場的產量將達五百噸。

前途堪憂？

琥珀聯合公司面臨來自琥珀走私販的競爭。他們的市場占有率從一九八〇年代的一五%增長到新世紀的三〇%。[32]近期研究顯示，如果要打擊不受管制的琥珀開採與走私，缺乏法律規範與執法是迫在眉睫的問題。[33]

非法活動讓產業無法負責任且永續地發展。在烏克蘭建立合法琥珀開採的嘗試，受到非法行為所阻礙。二〇一五年，烏克蘭開採的琥珀約九〇％都是未經許可的非法開採。二〇一七年，僅在一個行政區，警方就沒收了一百四十九臺泵與液壓軟管、五十八輛汽車與將近二．五噸的琥珀。一般認為，非法開採的琥珀只有一到一成五被追回，其餘的則藏在汽車儀錶板、保險桿與靴子裡離開了這個國家。[34]在波蘭，數據顯示每十噸進入市場的琥珀只有六百公斤是合法取得，這讓該國每年損失數十億美元的稅收。目前正在進行的計畫，是將未經政府允許的琥珀開採視為犯罪，就如過去的普魯士。[35]

在緬甸，琥珀有著奇怪的法律地位。目前人們對緬甸琥珀感興趣的主要原因，在於其豐富的化石含量。雖然自一九九五年開始，緬甸琥珀的出口已合法化，但是自一九五七年以來，未經許可出口化石就屬非法。目前尚不清楚哪條法律優先。緬甸人正快速地失去他們的古生物遺產。在摩托車、汽車、船隻，甚至大象的背上，大量緬甸琥珀被偷運到中國邊境，精選標本價值不菲；其餘以幾千美元的價格兜售，剩下的做成便宜的珠寶銷往世界各地。時至今日，人們比以往任何時候都更清楚地意識到，無論受到監管與否，採礦都會造成環境破壞。不幸的是，緬甸琥珀的開採同時也帶來了砍伐森林、水土流失、棲息地喪失與土地退化等問題。

在波羅的海沿岸，一個由業餘琥珀採集者與婦女組成的社群，將古老的技術與知識保留了下來。在海灘與淺灘採集琥珀時，他們幾乎沒有留下任何物理痕跡，就像十九世紀以前的琥珀採集者一樣。用這種方法收集的琥珀還有市場嗎？目前還沒有，不過在一些波羅的海的度假勝地，遊客可以花錢參加琥珀採集與加工的導覽活動。顯然，人們對琥珀收藏的興趣表現在「體驗旅遊」的形式上，在這種趨勢之下，遊客尋求真實且一生難得一次的記憶。也許出於對前工業時代的懷舊情緒，這種體驗與五百年前普魯士琥珀漁民經歷的嚴酷現實相去甚遠。然而，它確實為未來帶來了希望，保存了流傳數世紀的知識，這些知識不僅關乎琥珀的發生，也與當地氣候、天氣及近海地形有關，這些都將隨著全球暖化而改變。

〔圖 43〕俄羅斯加里寧格勒的 Yantarny 濱海邊疆地區琥珀礦場的露天礦坑，攝於 2015 年。

第五章

製作與造假

雖然世界上有一些地方盛產琥珀，但其他地方卻很少見。至少兩千年來，甚至更久，由於琥珀稀有或是出於好奇與貪婪，人們嘗試製作琥珀的仿製品。某些已知最古老的仿製品來自西班牙，製作時間逾四千年前（圖44）[1]，而最早的偽造琥珀配方可以追溯到西元二〇〇至二五〇年左右，來自中國。這個配方是這麼寫的：

取一顆雞蛋，將蛋黃與蛋白混合，然後煮熟。只要還是軟的，就可以用它切出一個物體；將切好的半成品置於苦酒內浸泡數晚，直到變硬；然後再加上米粉。[2*]

在歐洲，最早的琥珀仿造配方也是以雞蛋為關鍵材料，時間可以追溯到十五世紀。[3]這個配方只使用蛋白，將蛋白置於一段

---

* 譯注：出自晉朝張華《博物志》卷四，原文為「《神農本草》云：雞卵可作琥珀。其法，取伏卵𣫍黃白渾雜者，煮及尚軟，隨意刻作物件，以苦酒漬數宿。既堅，內著粉中。佳者乃亂真矣。此世所恒用，作無不成者。」

腸子內煮到變硬。再用煮熟的蛋白切出形狀，抹上油，放在陽光下曝曬一週。作者聲稱：「亞麻籽油加得愈多，『琥珀』的顏色就愈深；曬太陽的時間愈久，質地就愈強韌。」[4]幾個世紀以來，人們不斷仿製、模擬與偽造琥珀，不僅是琥珀本身，還有它的獨特內含物。這麼做的動機很複雜，這些製品在過去與現在被人類接受的方式非常多變，有時甚至不可預知。在漫長時間中，許多人都曾試圖仿製琥珀，其中包括許多知名人物，例如達文西。[5]假琥珀與假蒼蠅的製作一直持續至今，偽造手法愈形複雜精細，現代收藏家、鑑賞家與他們的前輩也一樣容易受騙，一路上因此發生了許多奇妙的故事。

顏色與淨度

歐洲的仿造琥珀著重於重現琥珀的顏色與淨度。琥珀常被稱為「波羅的海黃金」，數千年來一直因為其顏色而備受珍視。老普林尼寫道，琥珀有各種不同的顏色，他描述為蒼白、蠟色與黃褐色。在他的時代，黃褐色琥珀最為珍貴，「而且如果黃褐色琥珀是透明的，就更珍貴了，但是顏色不能太火紅：不能是那種看來熾熱的眩光，稍有暗示的感覺即可。」他最讚賞的是法勒努斯琥珀，這種琥珀之所以如此稱呼，是因為其顏色類似於羅馬與那不勒斯（Naples）之間的法勒努斯山出產的一種葡萄酒，這種葡萄酒原本是白酒，置於雙耳陶罐陳放後呈紅褐色。法勒努斯琥珀是「透明的，會發出如濃縮蜂蜜沸騰般的柔和色澤。」[6]

今日，我們很容易想像老普林尼描述的那種光滑透亮的色調。英國、美國、加拿大與澳洲路上的每個交通號誌處都可以看到它。喜愛啤酒的人，尤其是會喝澳洲拉格啤酒的人，提到「琥珀花蜜」都會知道指的是哪一種啤酒，儘管他們可能不知道這個詞原本是用來描述蘋果汁。蘇格蘭人認得出用琥珀珠形容肉餡羊肚哈吉斯（haggis）肉汁的描述，而且知道是哪位作者創造出這個形象。有些用途已經不再流行。現在我們已經不會用琥珀描述紅髮，不過十九世紀的蘇格蘭文學確實如此，而在此之前的古羅馬時期，尼祿皇帝（Emperor Nero）情人波培婭（Poppaea）的赤褐色頭髮便描述為「琥珀色」。

無論是在捲髮、準備紡紗的蠶、蘋果酒、茶、椰子油或李子等情境中，琥珀都扮演形容詞的角色，讓人聯想到溫暖的色調、光澤與美麗。在歐洲，琥珀的淨度與透明度甚至用在諺語裡。歐洲最早的字典之一《十字軍學院辭典》（*Vocabolario degli Accademici della Crusca*）記載，「他們用『如琥珀般清澈』描述顯而易見之事。」[7] 英語之中相對應的詞組「如水晶般清澈」（crystal-clear）早在十六世紀就出現了。

在琥珀的所有特徵中，顏色與淨度是肉眼唯二能立即察覺的。這意味著有關琥珀性質的看法，往往以顏色和淨度為基礎。它們對波羅的海琥珀的分級當然非常重要。十六世紀初有關琥珀的四個模糊定義（有的像黃金一樣明亮清澈、有的偏棕色、有的是有很多顏色的低品，還有一個幾乎像白堊一樣白），到了一五五〇年代，逐漸擴展到許多更微妙的亞色調。當時的作者表示，主要的琥

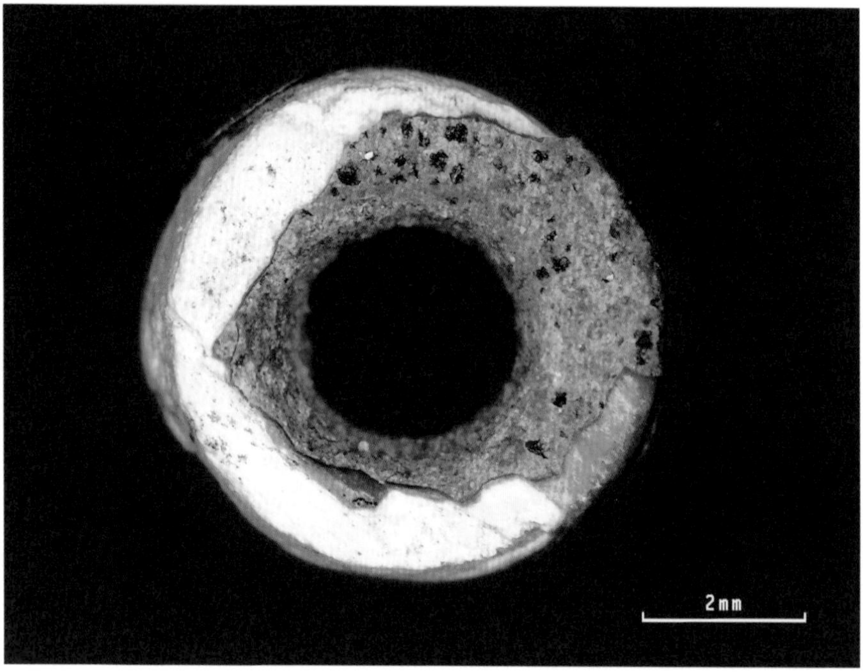

〔圖 44〕仿造西班牙錫切斯（Sitges）巨人洞（Cova del Gegant）出土的琥珀珠，挖掘於西元前 2000 年的地層。

珀商人是一個叫作賈斯基的家族，他們把琥珀分成大約一百種顏色變化，家主聲稱可以用顏色與淨度區分琥珀是「來自波美拉尼亞、洛赫施塔特、梅梅爾領地或立陶宛，就像人們可以區分出匈牙利人、義大利人或蘇格蘭人一樣。」[8] 當時的博物學家試圖在自己大量的標本收藏反映出這道彩虹。內科醫師米凱萊．梅卡提（Michele Mercati）收集到三十種不同的顏色，同時代的約翰尼斯．肯特曼（Johannes Kentmann）則收集到至少二十種，其中有一些顏色極其相似，正如其列表所示：

像葡萄酒一樣清澈／像森

林玻璃（Waldglas）／淡綠色／淡黃色／淺黃色／黃色／金黃色／紅黃色／亮紅黃色／藏紅花紅色／火紅色／瑪瑙紅色／石榴紅色／白色／深白色／淡黃白色／淺黃白色／黃白色／蠟黃白色／黃色帶白／蜂蜜色／深蜂蜜色。[9]

這些收藏最終不僅涵蓋了琥珀的顏色，也包含琥珀上面漩渦、斑點與條紋等圖樣。其中最著名的是納薩內爾．桑德爾（Nathanael Sendel）的收藏。[10]這批琥珀有狀似頭骨、強褓中的嬰兒、動物、宗教場景、風景與海景等內部條紋與漩渦（圖45）。桑德爾也收集各種形狀與大小的琥珀，從水滴狀、球狀到狀似水果的都有。

在地球的另一端，中國作家也評鑑了琥珀的色調。西元五世紀的雷斆是最早撰寫琥珀相關資訊的學者，他將琥珀分成石珀、水珀、花珀、物象珀、珀與琥珀。石珀之所以如此稱呼，是因為它很重，不適合使用。水珀色淺黃至無色，有時表面有皺紋。花珀被描述為帶有黃色與紅色的條紋，狀似木賊（*Equisetum hyemale*）分節直立的莖。「物像珀與珀」並非像人們猜想的那樣，是用來加工做成物品，而是「內部包含物體」——換句話說，內部紋路可以經由觀者發想詮釋為圖像。[11]*

＊　譯注：出自《雷公炮炙論》上卷。原文曰「雷公云：凡用，紅松脂、石珀、水珀、花珀、物象珀、珀、琥珀。紅松脂如琥珀，只是濁，太脆，文；水珀多無紅，色如淺黃，多粗皮皺；石珀如石重，色黃，不堪用；花珀文似新馬尾松心文，一路赤，一路黃；物象珀其內自有物命動，此使有神妙；珀，其珀是眾珀之長，故號曰珀；琥珀如血色，熟於布上拭，吸得芥子者，真也。」

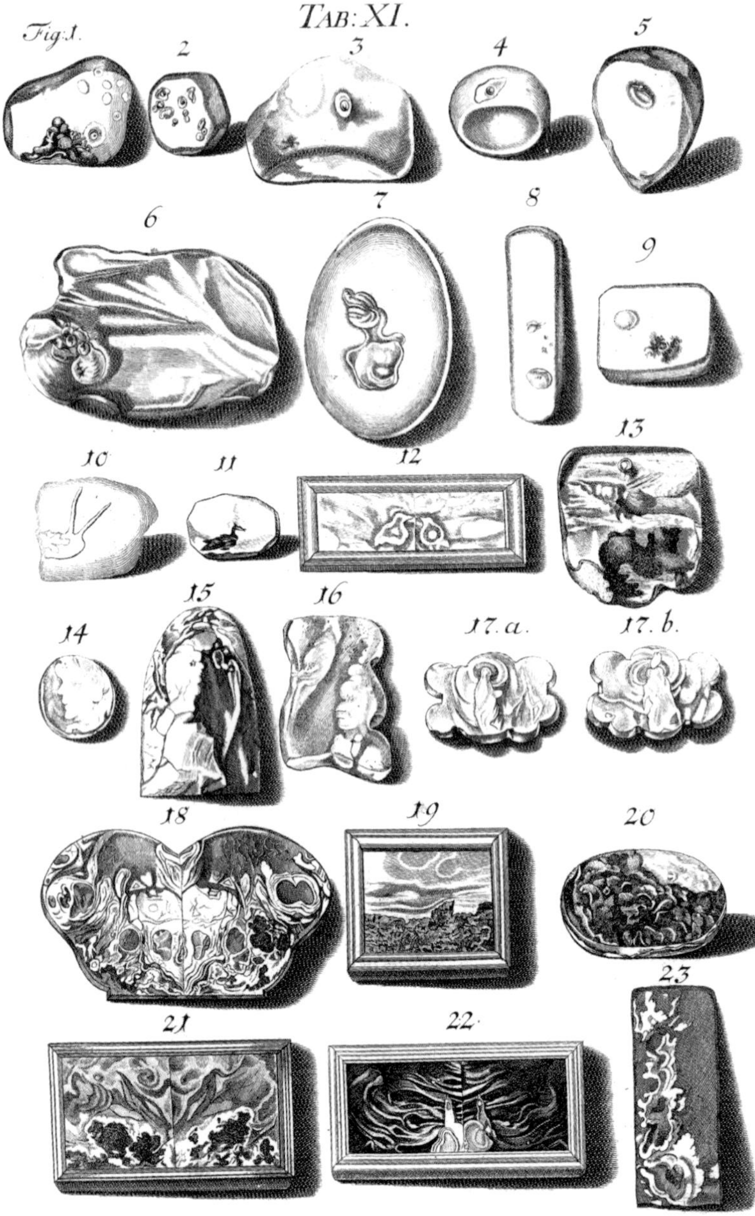

〔圖 45〕琥珀標本的整頁插圖，其中有一些帶有「圖片」。出自納薩內爾・桑德爾《包裹異物與自然天成雕塑的琥珀》(*Historia succinorum corpora aliena involventium et naturae opere pictorum et caelatorum*, 1742)。

雷斆文中的琥珀指血紅色的琥珀。後來的作家用「蜜蠟」描述混濁的黃色琥珀。[12]大約在一一〇〇年，宋代醫者寇宗奭寫道，中國西部使用的琥珀從「不均勻的蒼白」到「明亮清澈」皆有，而中國南方使用的則是「顏色深而混濁」。[13]寇宗奭顯然很熟悉波羅的海琥珀與緬甸琥珀的不同外觀。緬甸琥珀與呈明亮藏紅花黃色或白色的琥珀色鈣鋁榴石不同，顏色可以從深棕色到非常淡的雪莉酒色，有時甚至像亮紅色，或是有鮮奶油倒入咖啡的漩渦紋路。更後來的文獻繼續將琥珀與水進行比較。其中一本寫於十八世紀關於葡萄牙人定居澳門的編年史，曾論及作為葡萄牙商品的水與金琥珀，讓紅色類型琥珀可能源於歐洲的觀點更具說服力。[14]

歐洲人仿製琥珀的配方側重於黃色與淨度——這是波羅的海琥珀的特點，也是他們最熟悉的類型。他們鮮少提到再現斑紋或漩渦，對於模仿形狀說得更少。法國天文學家暨醫生安東·米索（Antoine Mizauld）提出的配方特別有名，也許是因為他提出了一種可供調整以仿造任何寶石的基本混合物。米索以琥珀為例：

> 各位可以如此偽造琥珀。先把白水晶（石英）打成非常細的粉末備用，取蛋白……，不停攪打並將泡沫弄掉，打到蛋白變成水狀；加入前述的粉末混合均勻，如果想做黃色的琥珀，則再加入少許藏紅花細粉，然後把混合物放入中空的蘆葦稈裡，……準備一些小玻璃瓶，把混合物放在滾燙熱水中，直到它們變硬成形，再把它們拿出來，放在大理石上磨成

你喜歡的形狀。[15]

米索也概述了過濾混合物以確保透明度的方法，以及如何形塑與乾燥以做成珠子和刀柄。這裡用了藏紅花，但其他配方則用了薑黃。一篇中國古代文獻建議加入魚卵。[16] 二〇二〇年春天，赫爾辛基（Helsinki）的研究人員按照近世的仿造琥珀配方進行實驗，結果令人著迷。[17] 製成的一些物質，儘管可能有點黏，卻是非常令人信服的琥珀替代物；部分在幾天內發了黴，不得不丟棄。

相形之下，早期歐洲幾乎沒有模仿白色琥珀（圖46）的配

〔圖 46〕天然白色琥珀，俄羅斯加里寧格勒琥珀博物館收藏。

方，白色琥珀通常為普魯士統治者的御用品，也是藥用首選，不過確實也有一些方法能將黃色琥珀變白，例如放在鹽水中煮沸。人們也會將琥珀放進油裡煮，讓外觀更加清澈，如果琥珀因為年久而裂開或發紅，也可以藉著這種方法復原外觀。十七世紀末，工匠克里斯蒂安・波爾希寧（Christian Porschinen）運用這種方法製作出琥珀鏡片與琥珀菱鏡，其工藝的知識基礎在於，將已切割和拋光的琥珀放入油中烹煮能夠漂淺琥珀的顏色。[18]油煮琥珀也可以替琥珀著色。此法已為羅馬人所知，後來於十八世紀重新發現，這讓琥珀可以染成「紅色、藍色、綠色等」，也能做成類似其他石材的模樣。[19]

重量與可溶性

琥珀非常輕，會浮在鹽水上，有人甚至說會浮在啤酒上；一個成功的仿製品不僅要模仿顏色與淨度，也得模仿這個特質。[20]有些配方給出了讓人可以計算後續體積的量。某個配方建議用三十公克櫻桃樹脂、六十公克阿拉伯膠與十六個蛋黃做成黏稠的混合物。[21]如此一來大約可得到四百公克的濕混合物，乾燥後可能比琥珀的重量稍重。在赫爾辛基的實驗中，正是這種類型的配方會做成導致發黴的團塊。在其他情況下，特別是使用石英粉的配方，重量會是露餡之處。可溶性也會出賣最終產物。

眾所周知，仿製琥珀在水裡會有不同的表現，而正是出於這個原因，十六世紀作家休·普拉特（Hugh Plat）警告他的讀者，仿製琥珀一定要在室內使用。[22] 從當代歐洲現存仿製琥珀數量並不多的情形來看，耐久性顯然也是個問題。[23]

氣味

除了外觀與重量以外，假琥珀的氣味是另一個挑戰。一份原始資料說明了複製真琥珀氣味的高難度，強調這個特徵可能特別有助於辨識假琥珀。[24] 真琥珀因其香氣而珍貴，古羅馬作家馬提亞爾（Martial）曾經把琥珀的香氣比作情人的吻。[25] 後來的歐洲史料將其描述為甜美的，並以松樹的氣味比擬。還有說琥珀聞起來有苦味，並將它比作瀝青。也有人說琥珀的氣味隨著顏色而變。在德國的薩克森，蓋歐克·鮑爾發現白琥珀最令人愉悅，但表示所有的琥珀都具備沒藥的味道。[26] 部分中國文獻討論到芳香琥珀。有人認為芳香琥珀是非化石樹脂，如同沒藥。十七世紀法國學者塞繆爾·恰普佐（Samuel Chappuzeau）雖然未曾造訪中國，但他評論了將琥珀扔進香罐以釋放其氣味並點燃火焰的做法，認為這種操作解釋了中國商人在巴達維亞（Batavia，今雅加達）從荷蘭人手中大量購買琥珀的情形。[27]

預算

仿製琥珀的配方並不是為了滿足人們對廉價替代品的需求。石英、藏紅花、薑黃、乳香與阿拉伯膠等原料都是價格高昂的外來品。鑑於這類混合物通常要煮好幾天，需要大量燃料，更不用說先備經驗（少有具體的數量或技術說明）、時間與注意力。製作仿製琥珀是實驗者學識與閒暇的證明。這些人買得起真正的琥珀，但著迷於自己動手製作的想法。

從古至今，許多其他物質曾被當作琥珀。十六與十七世紀畫家使用的清漆分析顯示，他們經常使用的是柯巴樹脂，並非真的琥珀，這表示許多人無法區分外觀相似的材料。十九世紀末期與二十世紀初期，以酚醛樹脂／電木（Bakelite）、硝化纖／維賽璐珞（celluloid）與酪蛋白／酪素塑膠（Galalith）為基礎的廉價合成塑膠也廣泛用於「人造琥珀」。這些材料易於壓模、浮雕、切割、鑽孔與染色，用來製作別緻且價格平實的珠寶，現在的收藏家仍然買得起。如今，市面上充斥著人造琥珀，其中有許多是用天然樹脂製作，只是偽裝成更古老、更高貴的化石。因此，網路上滿是聲稱能教人如何區分真假琥珀的各種網站。

除了天然純琥珀以外，國際琥珀協會承認的琥珀類型還有三種。改造琥珀指經過熱處理或加壓處理的琥珀，通常是為了提高其透明度或顏色。再製琥珀又稱壓合琥珀，指將琥珀碎片融合在一起「製造」出來的琥珀。黏合琥珀是一種複合琥珀，是由「兩塊或兩塊以上的天然、改造或再製琥珀」

拼接而成。[28]嚴格來說，它們都是琥珀，但不是在直接自然狀態下發現的琥珀。

偽造蒼蠅

國際琥珀協會琥珀實驗室並沒有鑑定琥珀內含物的業務。在亞瑟・柯南・道爾（Arthur Conan Doyle）的短篇故事《黃色臉孔》（*The Adventure of the Yellow Face*, 1894）中，夏洛克・福爾摩斯（Sherlock Holmes）檢查了一根「煙草商稱為琥珀的長煙桿」，並對它的材質進行了思考。他問在倫敦有多少真正的琥珀煙嘴，並解釋內含物的存在證實了材料的真實性。然而，內含物通常是偽造的，要麼是藉由改造琥珀以置入內含物，要麼是將內含物嵌入外觀相似的替代材料中。辨別假貨可能很困難，儘管許多假貨往往因為做得太漂亮而露餡。有時候，即使專家也會被騙。在倫敦自然史博物館（Natural History Museum），有件獨特且近乎完美的大頭金蠅（latrine fly）琥珀標本，在一百四十多年後發現是假貨。博物館的一位研究員正在顯微鏡下研究標本時，出現了一道裂縫。琥珀被切成兩半，一隻蒼蠅被埋在凹陷處，然後再將兩塊琥珀黏回去。這個發現顛覆了以這件標本內含物為基礎的學術研究，例如大頭金蠅已經存活了三千八百萬年而毫無改變。不過，這個發現也為那些認為該蒼蠅與其「年代」相較太高等的古生物學家開脫了罪責，並啟發人們將它與「皮爾當人」（Piltdown Man）化石偽造事件相比擬。[29]儘管現代科學比以往任何時候都更有能力發現贗品，許多古生物學家還是謹慎地在作品加上了警告說明。

內含物的形成很容易想像。對於小型昆蟲來說，流動的樹脂就是個死亡陷阱。不管它們是因為受到樹脂氣味的吸引而落在上面，還是被樹脂吞噬，新的樹脂會在舊的樹脂上流動，一層層堆積起來，逐漸形成一個中央有內含物的小團塊（圖47）。較大的生物如蜥蜴和青蛙，應該足夠強壯，可以從這團東西裡脫身。被捕獲的不同物種依數量與其體型成比例減少，數量增加十倍，體型

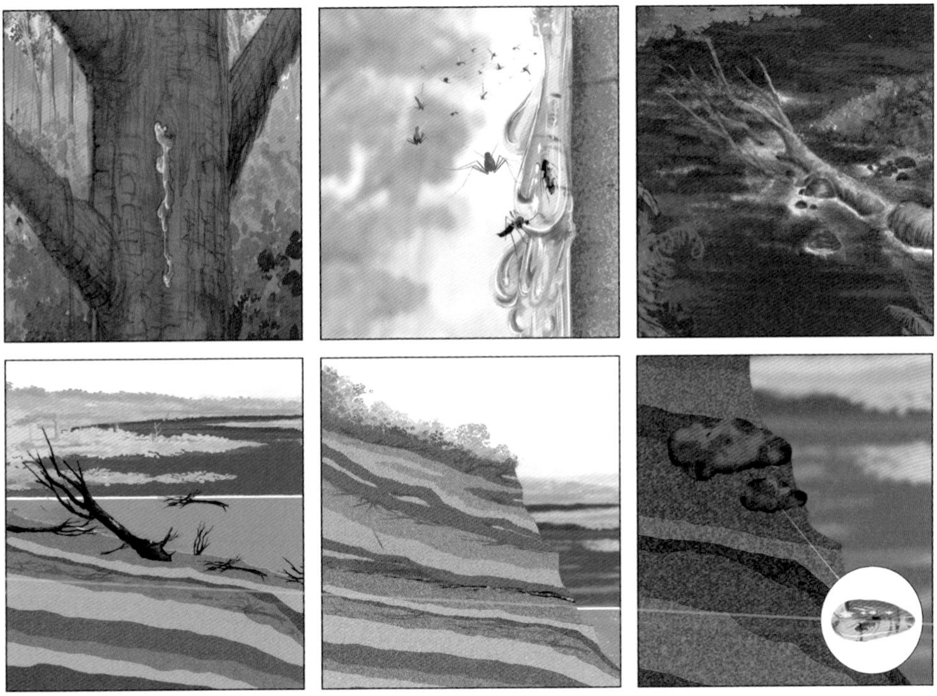

〔圖 47〕內含物形成的方式有許多種。當樹脂從樹上流下或滴落時，
可能會順帶包住昆蟲與少量顆粒。昆蟲也可能被聚集的樹脂吸引，結果被黏住或困在裡面。
最終，樹脂有時直接埋在母樹附近，或是被水帶到遙遠的地方。
樹脂化石化後變成琥珀，帶著它特有的外殼。

減少十倍。最近一項根據緬甸琥珀的估計，是「每一百萬至三百萬件拋光琥珀，會出現一隻脊椎動物蜥蜴。」[30]

歷史之謎

在有關琥珀特質的相關討論中，內含物扮演著關鍵角色。在歐洲，古羅馬人最早寫下書面紀錄，認為琥珀原為一種液體。老普林尼表示，「某些物體如蚋與蜥蜴等的存在……，在其內部清晰可見」，證明琥珀是由某種液體凝固而成。在他看來，它最初是一種樹液，「因為熱、冷或海水的作用而逐漸變硬。」摩擦或燃燒時散發出的松樹氣味更進一步證實了這一點。[31]比老普林尼稍晚的塔西佗也同意這個看法。他根據經驗想像，琥珀發現地的西方應有島嶼，島上有能生產樹膠的樹所形成的樹林，並推斷太陽會讓樹膠分泌，因為相形之下，那裡的太陽比其他地方更接近地球。這些樹膠「以液態流入相鄰海域」，「最後被猛烈的風暴沖到對面的海岸上。」[32]在亞洲，類似的爭論從六世紀以來一直存在。在那裡，有人認為琥珀是冷杉的樹液或樹脂，在泥土中凝固變硬。[33]現在，人們知道樹液、樹膠與樹脂是不同的物質，但在過去並無法清楚區分。

著名哲學家伊曼努爾・康德（Immanuel Kant）曾嘆道，由於內含物永遠不會說話，學者們只能滿足於針對它們如何進入琥珀一事進行合理猜測。有些中國學者認為，琥珀一定是燒毀的蜂巢或燃燒蜜蜂後的殘留物。西元六世紀的學者陶弘景注意到，「琥珀裡面存在著一隻蜜蜂，無論形狀和顏色看起來都像是一隻活的蜜蜂」，但他駁斥了蜂巢燃燒的說法，反而提出「蜜蜂受到杉木樹脂滋潤，並……當它掉到地上，就完全被困在裡面了。」[34] *

一千年以後，在世界的另一端，十六與十七世紀的普魯士有三個主要的爭論。第一：內含物走進或飛進液體中，被困在裡面後一起變硬。第二：內含物要麼是被液體吸進去，要麼就是以游動、爬行或掉落的方式進入液體，而液體是從陸地或海底的噴口噴發出來。第三：琥珀在海床上擠壓出來，在仍然很軟的時候沖刷到海灘上，其氣味吸引了昆蟲，而昆蟲受到碎浪連續拍打而進入其中。奇聞軼事相當多。塞韋林．戈培爾曾聽說一位琥珀大師在砂丘中挖出一塊柔軟物，「為了了解它是否會變成琥珀」，他在把它扔進大海之前，在裡面嵌了一封信。這塊琥珀據說在一四九八年被重新發現。[35] 有些人的報告指出內含物一半在外，一半在內。據說有一塊著名的琥珀包裹著一隻蒼蠅的身體，但頭部卻露在外面。[36]

在現代礦坑採礦之前，桑蘭海岸是歐洲琥珀的主要來源。有鑑於大多數埋藏在琥珀中的內含物都與陸地有關，而非海洋，前述三種形成理論似乎都是合理的，但是半截身體被埋在琥珀裡的蒼

* 譯注：陶氏云：「舊說云是松脂淪入地，千年所化。今燒之亦作松氣，俗有虎魄中有蜂，形色如生。《博物志》又云，燒蜂巢所作，恐非實。此或當蜂為松脂所粘，因墮地淪沒爾。」

蠅顯然是假的，因為暴露在外面的頭部早應腐爛。一九九七年在格旦斯克附近出土了一隻被琥珀包裹、近乎完整的蜥蜴，就證明了這一點。蜥蜴的尾巴末端與部分背部不見了，表示蜥蜴並沒有完全被樹脂包覆（圖48）。[37]現今緬甸琥珀如此「炙手可熱」的緣故之一，就是因為相形於波羅的海琥珀與多明尼加琥珀，緬甸琥珀的脊椎動物內含物數量巨大且種類繁多。紐約美國自然史博物館的一位古生物學家認為，人們對緬甸琥珀的狂熱毫無節制，科學家盲目且過度地購買，希望能在裡面挖到寶。有關緬甸琥珀內含物的研究目前存有巨大爭議，因為正如前述，有些化石開採於衝突地區，而且許多更是以非法走私的方式從緬甸運出。含有驚人內含物的琥珀價格往往遠超過博物館的預算，私人收藏家收購之後，能接觸到這些標本的機會就非常有限了。

搜集內含物

歷史上的部分收藏清單顯示，就像當代收藏家對琥珀內含物的追求，琥珀內含物同樣也是近世歐洲收藏的熱門。不尋常的內含物本身就很有價值。根據紀載，內含物包括蟲子、蝴蝶、蜘蛛網、蛋、蝗蟲，甚至是謎樣的水滴。有些經過特殊處理，可以穿戴。基本上就是做成珠子，例如十六世紀上半葉曼托瓦侯爵夫人伊莎貝拉・埃斯特（Isabella d'Este）就曾收到帶有零星內含物的琥珀做成的一串珠子。十七世紀羅馬最著名的琥珀念珠上，每顆珠子都有不同類型的蒼蠅。這串念珠既不在教

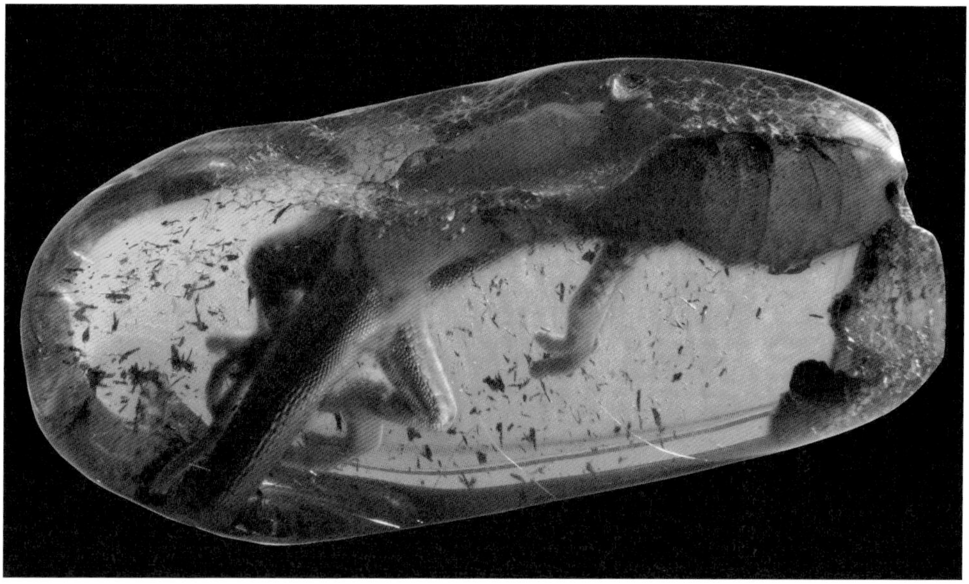

〔圖 48〕困在波羅的海琥珀中的蜥蜴，稱為吉爾洛斯卡的蜥蜴（Gierlowska's lizard），大約有四千萬年歷史，目前為格旦斯克琥珀博物館的收藏。

堂的聖器收藏室裡，也不在公主的首飾盒中，而是列於私人收藏的「珍奇異物」。[38]

琥珀內含物也會鑲嵌在戒指上。一六〇七年，藝術品鑑賞家暨交易商菲利普・海恩霍夫（Philipp Hainhofer）就獲得了一只這樣的戒指，它先前有好幾位名聲顯赫的持有者，其中包括哈布斯堡王朝（Habsburg）大臣樞機主教格蘭維爾（Cardinal Granvelle）與瑞士博物學家康拉德・格斯納（Conrad Gessner），格斯納更將其納入著作《論化石、石材與寶石》（*De rerum fossilium, lapidum et gemmarum*，圖49）。帶有內含物的琥珀也製成吊墜，而且通常是富含情感的心形。英王亨利八世的大法官湯瑪斯・摩爾（Thomas More）所持有的為杜倫主教（Durham）所贈，他曾寫道，他認為「這顆含有蒼蠅的心形琥

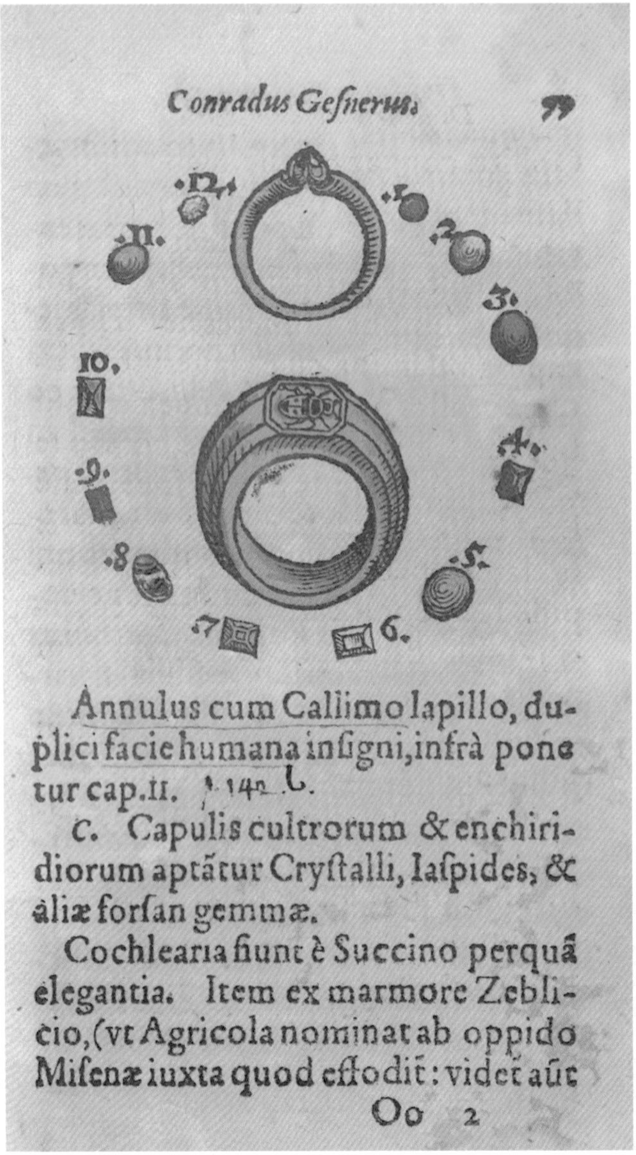

Conradus Geſnerus. 99

Annulus cum Callimo lapillo, duplici facie humana inſigni, infrà ponetur cap. II.

C. Capulis cultrorum & enchiridiorum aptãtur Cryſtalli, Iaſpides, & aliæ forſan gemmæ.

Cochlearia fiunt è Succino perquã elegantia. Item ex marmore Zeblicio, (vt Agricola nominat ab oppido Miſenæ iuxta quod effodit: videt aũt

Oo 2

〔圖 49〕手工彩繪木刻畫，展示寶石與鑲嵌寶石的戒指（大戒指上鑲有帶內含物的琥珀），出自康拉德・格斯納《論化石、石材與寶石》（1565）。

珀象徵著我們的愛……，永不凋零，永不飛走。那會飛的蒼蠅像邱比特一樣長著翅膀，天性愛動的牠被琥珀包裹起來，永遠不會逃跑，永遠不會腐爛。」[39] 不過值得注意的是，具有內含物的琥珀似乎很少用於製作大型物品，也許是因為將自然奇蹟含括在大型物品之內會轉移注意力。

驚人的內含物

到了十六世紀末，人們搜集到更多精彩的琥珀內含物。探險家菲尼斯．莫里森（Fynes Moryson）在佛羅倫斯看到的琥珀蜥蜴，以及作家約翰．伊夫林在威尼斯看到心形琥珀中的「蠑螈」等，都屬於加工琥珀製品的廣泛收藏。特別是相形於德國城鎮距離波羅的海更遠的義大利城市中，收藏家通常只有一、兩件特別感興趣的作品，而不是對不同顏色、形狀或形式等進行廣泛的類型收藏。[40]

例外確實也存在。米蘭神職人員曼弗雷多．塞塔拉（Manfredo Settala）擁有異常廣泛的琥珀收藏，在義大利人之間很罕見，他還把這些琥珀整理成附有插圖的目錄。除了念珠、日晷、大口水壺、食物盆與小燒瓶以外，他還有許多令人驚奇的收藏。其中一個包裹著「一隻蜷縮著的蜘蛛，因為抓蒼蠅而感到飽足且疲憊，雖然已經死了，卻對誘捕活物樂此不疲。」塞塔拉雖是神職人員，有趣的是，他並沒有像羅馬天主教歐洲的其他人那樣，將內含物比擬為（被異端邪說所困的）新教徒。[41] 相反地，塞塔拉的紀錄充滿了幽默感：

> 有塊琥珀包裹了兩隻雌青蛙，這要命的寂靜及其中的一個巨大水滴，比任何時候都令人感到美妙，因為如此一來，這些動物賴以生存的沼澤至少沒有被剝奪；……有塊琥珀包裹了兩隻蒼蠅，如果牠們能夠從這珍貴的蜘蛛網上掙脫，牠們那揮之不去的執著一定會讓我們感到惱火；……有塊琥珀有五隻蚋，它狀似一顆大心臟，而讓人驚訝的是，裡面的蝗蟲竟然活了過來（圖50）。[42]

塞塔拉收藏的琥珀青蛙著實令人讚嘆，和他同時代的卡西亞諾·達·波佐（Cassiano dal Pozzo）甚至特地為此標本作圖，收錄在他的「紙上博物館」收藏。這個紙上博物館試圖以視覺形式記錄知識，是個野心十足的嘗試。

就如今日，罕見的琥珀內含物在近世歐洲極受重視且價格高昂，價格可以是普通標本的二十倍。與普魯士相距遙遠的收藏家如何獲得這些琥珀內含物呢？琥珀相關著作在死後才於一七一九年發表的米凱萊·梅卡提（Michele Mercati），有幸在一五八〇年代晚期前往波蘭。許多收藏家仰賴他人的人脈與慷慨才得以取得心儀的物件。如果他們將自己的收藏集結成冊出版，通常會藉此顯示自己曾受優待，並表達感激之情。塞塔拉在旦澤有一位聯繫人。在羅馬的阿塔納奇歐斯·基爾歇（Athanasius Kircher）所擁有的琥珀蜥蜴，是沃爾芬比特爾奧古斯特公爵（Duke August of Wolfenbüttel）的禮物。與此同時，奧格斯堡的菲利普·海恩霍夫曾吹噓道，自己曾收到一件原本要

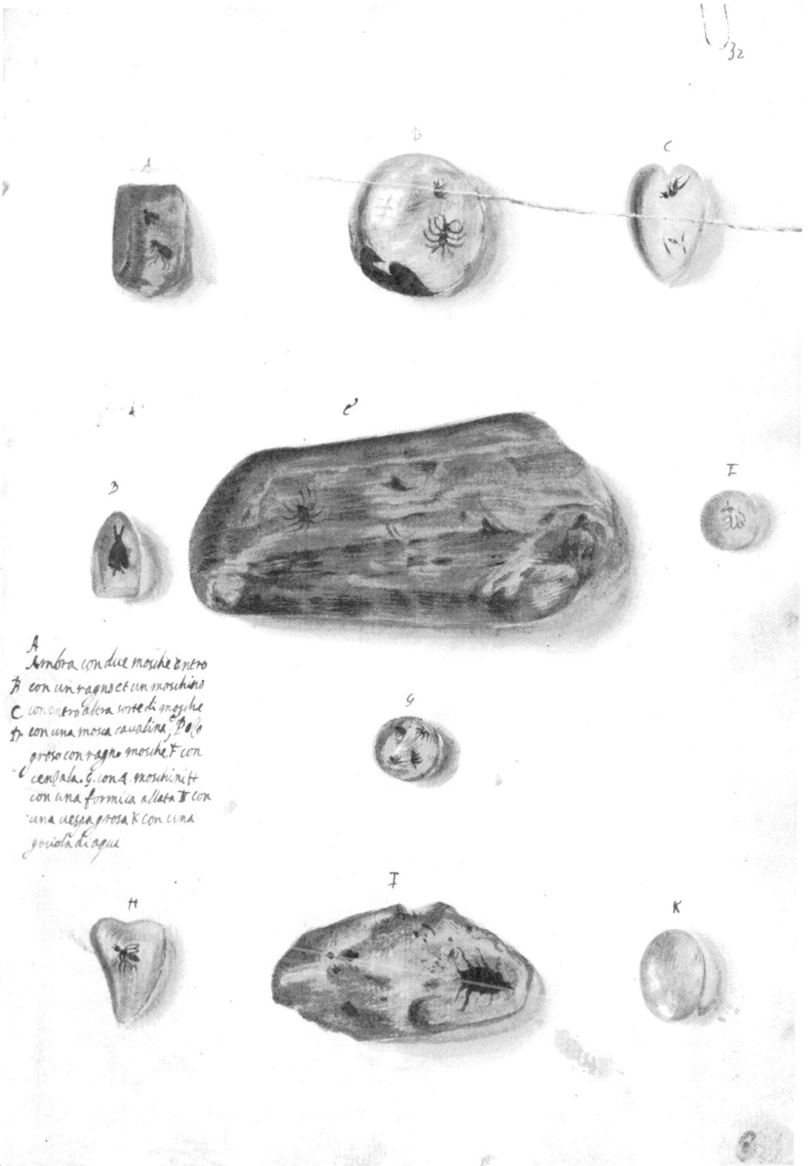

〔圖 50〕描繪《塞塔拉密碼》（*Codice Settala*, 1640 / 1660）中，
琥珀內含物的水彩畫。《塞塔拉密碼》是一份曼弗雷多．塞塔拉收藏的插圖目錄，
目前保存在義大利米蘭安布羅西亞圖書館。

到其他人手中的琥珀內含物。海恩霍夫的琥珀蜥蜴本來是瓦迪斯瓦夫（Władysław）要送給波蘭立陶宛統治者之子，即樞機主教法蘭西斯柯．巴貝里尼（Francesco Barberini）的物件，但是瓦迪斯瓦夫改變了主意。[43]

琥珀內含物的取得途徑成了這些內含物自身歷史的基本元素。收藏家之間也會相互競爭，以取得最不尋常的物件，品味則按個別收藏家的來歷而異。例如，琥珀蜜蜂在義大利特別受歡迎。在義大利的傳統中，蜜蜂被認為是神聖的，與死亡密切相關。蜜蜂也是強大的巴貝里尼家族的家徽，身為巴貝里尼家族後裔的教宗烏爾巴諾八世（Pope Urban VIII），擁有一件琥珀蜜蜂。這件琥珀不只有一隻蜜蜂，而是三隻一起，讓人聯想到該家族的盾形紋章。

令人費解的保存

如果對收藏目錄與記述進行調查，我們很快就會發現，在十六與十七世紀歐洲流通的琥珀青蛙與琥珀蜥蜴，數量上要比今天多得多。即使在琥珀最密集且最系統化機械挖掘的時代，即十九世紀與二十世紀初，據載也只發現了一件包裹了蜥蜴的波羅的海琥珀。近世對於港口城市旦澤的紀載顯示，包裹蜥蜴的琥珀非常流行。法國外交官查爾斯．奧吉爾（Charles Ogier）於一六三五年十一月造訪旦澤時，他注意到有琥珀青蛙與琥珀蜥蜴出售，稱讚它們是「大自然的微型奇蹟」。英國探險家菲尼斯・莫里森則對這些琥珀的真實性存疑，稱之為「珍貴的手工藝品」。[44] 儘管當時的作品曾有大量討論與描繪，但這些奧吉爾口中的奇蹟少有流傳至今。在現代人看來，將內含物塞進雕刻鏤空的斧鑿痕跡著實明顯（圖51）。

琥珀收藏家容易受騙，是十八世紀文學反覆出現的主題。德國國家科學院（Academy of Sciences Leopoldina）一名成員約翰・克里斯蒂安・康德曼（Johann Christian Kundmann）講述了布雷斯勞（Breslau，今

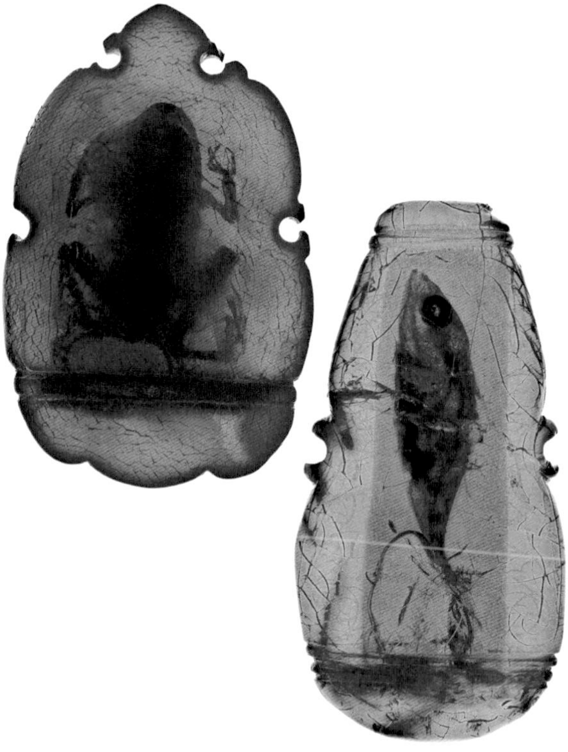

〔圖 51〕19 世紀德國博物學家蓋歐克・卡爾・貝倫特（Georg Carl Berendt）收藏的假琥珀內含物。

Wrocław）一位收藏家的故事：

他的自然陳列櫃裡有一塊琥珀，裡頭有一隻相當大的青蛙：他總是把這塊奇怪的琥珀捧到燈光下讓人看，從不讓其他人拿在手裡；……然而在他死後，製作財產清單時，我人在場，我們全都看到這塊琥珀有從中切開挖空的痕跡，青蛙鑲嵌其中，然後顯然這些碎片又被黏了上去。[45]

弗里德里希・薩繆爾・波克（Friedrich Samuel Bock）詳細描述了這些「巧妙的動物埋葬」如何製作：

他們（藝術家）橫切出一塊相當厚的琥珀，以便製作出兩塊厚度足夠的版片。然後，他們根據欲填入動物的尺寸與形狀，在其中一塊或兩塊琥珀版挖洞；將填充物放進去，再以乳香膠或另一種類似琥珀的混合物填滿兩塊琥珀版之間的裂縫。由於有眼力者能識破騙局，他們會將邊緣鑲入金戒指或銀戒指裡。[46]

到了十八世紀，收藏家被警告要對包裹了青蛙與蜥蜴的琥珀保持懷疑。有人建議進行測試，如將物件泡在溫水中，讓任何接合處裂開。然而，關於這些作品是否該因其明顯的工藝與獨創性而受到推崇，或因其謊言而受到憎惡，則爭論不已。

對保存的讚揚

自古羅馬時期以來，人們就有一種感覺，認為被困在閃亮金色琥珀中的生物顯得更尊貴，尤其是因為發現的昆蟲類型往往並不討人喜歡：討人厭的螞蟻、嗡嗡作響還會螫人的蜜蜂、快速爬行的蜥蜴、黏糊糊的青蛙。這些琥珀內含物並沒有與其他同類標本一起被保存，而是與其他經過人為雕琢的琥珀放在一起，這個事實證明，許多琥珀內含物首先是藝術品，其次才是科學標本。

中世紀以後，所有關於琥珀與其內含物的描述都提到古羅馬詩人馬提亞爾，他對琥珀內含物的妙語調侃收錄在他的《雋語集》（*Epigrams*）之中。他提到，通常被人瞧不起的螞蟻，如果被琥珀殺死並包埋在琥珀之中，地位就會有所擢升。[47] 在文藝復興時期，學者會按自己的需求引用馬提亞爾的作品。吉安巴蒂斯塔・德拉・波爾塔（Giambattista della Porta）用馬提亞爾佐證與闡明自己的內含物實驗。當他寫到琥珀甚至超越克麗奧佩脫拉（Cleopatra）之墓，生物會選擇這種死亡更甚其他時候，顯然是在附和馬提亞爾。[48] 克麗奧佩脫拉與馬克・安東尼的故事在這個時代如此廣為人知，甚至當法蘭西斯・培根（Francis Bacon）寫到琥珀，表示蜘蛛、蒼蠅與螞蟻發現了「死亡與墓，比皇家紀念碑更能保護它們不至於腐敗」時，讀者很容易就理解他指的是哪座紀念碑。[49]

在菁英收藏家的眼中，擁有珍貴琥珀內含物就好比擁有詩歌作品。這種關聯性有時甚至十分明確。義大利樞機主教希皮奧內．波格賽（Scipione Borghese）擁有一只琥珀聖杯，杯底有一隻青蛙，上面刻有「隱藏與閃耀」（latet et lucet）的字樣，這是馬提亞爾以琥珀蜜蜂為題的一首短詩的開頭。[50]

保存的詩意

琥珀與馬提亞爾詩歌的密切關係，不僅讓歐洲人將自己的琥珀內含物編入歌謠小調，也讓他們以琥珀中的蒼蠅、兩棲類和爬蟲類為題創作詩歌。在一五七〇年代末的某個時候，兩塊各包裹了一隻動物的手掌大琥珀在旦澤拍賣。這兩塊琥珀是馬爾欽．克羅梅爾（Marcin Kromer）《論普魯士琥珀中的青蛙與蜥蜴》（*De rana et lacerta succino Prussiaco insitis*, 1578）的主題，它們同樣也在丹尼爾．赫爾曼（Daniel Hermann）一篇長達十六頁的頌歌〈青蛙與蜥蜴〉（De rana et lacerta）受到頌揚。現在，赫爾曼這首詩的卷頭插畫被認為是現存琥珀動物內含物的最古老視覺表現（圖52）。這兩件琥珀至少在一五九三年之前一直都在旦澤，即菲尼斯．莫里森在那裡看到「兩件拋光琥珀」的時候。根據莫里森的說法，這些琥珀「被認為價值匪淺」，並吸引了波蘭立陶宛的統治者開出高價收購。齊格蒙特一世（Sigismund I）輸給了霍亨索倫王朝（Hohenzollern）的布蘭登堡－安斯巴赫藩侯（Margrave of

23. W.

DE RANA ET
LACERTA: SVC-
CINO PRVSSI-
aco insitis.

DANIELIS HERMANNI PRVSSI:
Discursus Philosophicus.

EX QVO, OCCASIO SVMI PO-
test, de causis Salisfodinarum Cra-
couiensium naturalibus
ratiocinandi.

CRACOVIAE, *Anno Domini.* 1583.

〔圖 52〕丹尼爾・赫爾曼詩作《青蛙與蜥蜴》
（*De rana et lacerta*, 1583）初版的扉頁。

Brandenburg and Ansbach）蓋歐克．腓特烈一世（Georg Friedrich），後來這兩塊琥珀可能作為禮物，輾轉落入義大利曼托瓦的剛薩加家族（Gonzaga）手中。

此後提及琥珀包含物的文學作品多了起來。夏洛克．福爾摩斯曾認真思索「假琥珀」中「假蒼蠅」的意涵。[51]許多來自普魯士，尤其是在第二次世界大戰結束後被迫離開家鄉的作家，都在他們的自傳中提到琥珀。然而，最著名的也許是英國詩人亞歷山大．波普（Alexander Pope）的詩句：

真漂亮！在琥珀中觀察
頭髮、稻草、泥土、幼蟲或蠕蟲的型態！
我們所知者，既不豐富也不稀罕，
但不知道它們到底是怎麼到那裡去的。[52]

實踐保存

波普的小詩總結了人們對琥珀著迷的主要特點：驚奇與困惑。琥珀因其能讓死去的生物看來栩栩如生而飽受讚揚，而有法蘭西斯．培根圍繞著琥珀架構出「保存屍體」的想法。[53]馬提亞爾將琥珀的硬化比作水的凍結，而在義大利文中，形容詞 congelato（凍結的）經常用來描述這些生物。幾個世紀以來，冰是唯一能完整、立體、不動且不變地將軟組織保存下來以供研究的東西。不過冰也有自己的問題，因為它必須要保存在低溫環境中。

早期的博物學家大致有預感，知道琥珀有著獨一無二的保存能力，但是他們並不知道這樣的能力究竟有多獨特。對琥珀來說，當液態樹脂吞噬包裹體時，固定、脫水與消毒的過程就開始了。它硬化的速度很快，形成了一座「密封的墳墓」，將最精細的細節弄乾保存，幾乎沒有萎縮，腐爛分解亦可忽略不計。這些優點促使博物學家用琥珀進行保存標本的實驗。他們深信，琥珀的優點可以在實驗室環境中重現，並付諸實際使用。吉安巴蒂斯塔．德拉．波爾塔嘗試了「永遠將生物監禁起來」，並吹噓自己做到了……

> 在琥珀中進行試驗——首先讓它變軟到適合的程度，然後將我想要保存的東西包裹其中。儘管琥珀保存可以是投機行為，但它確實保存了肉眼可見的完美外觀，看起來就像有生命一樣，展現出它健全、沒有腐敗的模樣。[54]

德拉．波爾塔描述的是不可能的事，他使用的可能是另一種狀似琥珀的樹膠或樹脂。許多人都用琥珀與琥珀狀物質來實驗保存標本，德拉．波爾塔也是其中之一。最簡單的方法，就是將標本貼在紙上，然後塗上琥珀清漆。最複雜也最令人不安的是，有人試圖保存人類屍體，因為他們相信這種「透明的墳墓非常適合身分顯赫或美麗的人」。據說，在一六七五年的一個奇異事件中，德國漢堡的西奧多．科克林（Theodor Kerkering）博士成功將一個人類胎兒包裹在自製的琥珀中，同時保留了它的顏色與形狀。[55]

發掘琥珀內含物

無論在過去或現在，不僅是內含物，而是內含物與琥珀的融合，讓這些物件變得更加有趣和珍貴。舉例來說，昆蟲標本無法透過融化或溶解周圍琥珀的方式，從琥珀中被「發掘出來」。融化琥珀需要較高的溫度與壓力，這將破壞其中的內含物。在過去，有時會藉由切割琥珀塊的方式取出內含物，但這也意味著破壞。多年來，科學家在準備研究內含物的時候，不得不只能以重塑、拋光與攝影方法。[56]雖然攝影可能極具挑戰性，在此還是要特別指出，從不同的角度為琥珀塊打光，往往能暴露出連接或澆鑄的痕跡、工具痕跡，甚至人類毛髮，揭露出迄今尚未被發現的贗品。X光電腦斷層掃描與同步加速器掃描是近年來最有前景的兩種最新技術（圖53、54）。[57]這些創新的方法能做到非破壞性的數位解剖，並捕獲到可以用來建模與3D列印的數據。

隨著時間的推移，判斷真偽的方法將變得愈來愈複雜，但合成琥珀與內含物的技術與材料也會與時俱進。世界各地的收藏家與研究人員都爭相作出讓人驚奇的發現，他們的競爭將琥珀的價格推

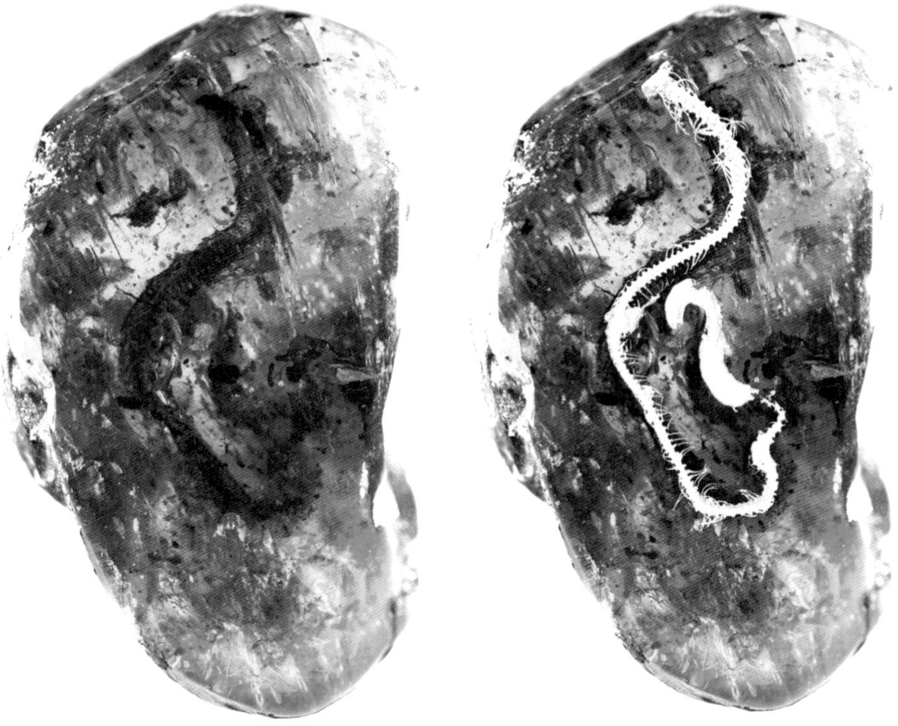

〔圖 53、54〕一塊帶有幼蛇骨架的琥珀（左），
以及其同步加速器 X 光顯微斷層掃描圖像（右）。

到令人難以致信的高點，而琥珀的偽造也毫不令人意外地達到了前所未有的程度。特定標本的價格有時超過十萬英鎊，仿作者的手藝若令人信服，必能期待豐厚的回報，這也給了完善這些見不得人的技術相當充分的理由。

第六章

裝飾的琥珀

現時，許多人主要會將琥珀與首飾聯想在一起。無論是在商店出售或佩戴，琥珀最常見的形式可能是人體裝飾品。它是遊客前往丹麥、波蘭、立陶宛與拉脫維亞等地旅行的典型紀念品，也很容易在眾多網路精品店購得。

幾個世紀以來，琥珀被人們視為一種寶石，以切割、刻面、拋光與鑲嵌等手法加工。和其他所有寶石材料一樣，琥珀也曾多少流行過一段時間，設計也曾多少有過創新，琥珀製品也曾有過價格實惠的時候。從鼻煙盒到牛角形火藥桶，從刀劍到陽傘，琥珀曾被當成許多配件的材料。琥珀的運用多元，不可能在這裡一一闡述。綜觀歷史，琥珀既是里程碑的標誌，如德國北部流行的項圈，用以記錄女性在結婚後地位的變化，也是必備的時尚細節（圖55）。

本章從製作者、行銷者、消費者、贈禮者與佩戴者等多元角度思考琥珀的佩戴與意義，並探討佩戴與欣賞琥珀的種種原因，其中有許多實是意想不到。

〔圖 55〕比克堡（Bückeburger）新娘飾品項圈，約 1850 年，材質為琥珀、銀、基本金屬、玻璃珠與紡織品。

當代琥珀藝術首飾

琥珀在穿戴藝術的運用並不為人所知。除了傳統的波羅的海中心地帶，琥珀並非藝術家經常用來創作首飾的材料，藝術家也很少和設計師工匠合作創作琥珀首飾。波蘭約有九十％的琥珀生產涉及商業化量產的紀念品類型首飾。十多年來，格旦斯克美術學院實驗設計工作室負責人斯瓦沃米爾・菲亞科夫斯基（Sławomir Fijałkowski）一直主張在波蘭琥珀首飾工藝上展現更多刺激、冒險、創新與原創性。這與國際琥珀首飾設計獎（Amberif Design Award）相輔相成，獎項的目的在於讓琥珀首飾工藝能夠參與國際設計對話。

菲亞科夫斯基與琥珀首飾設計獎都側重

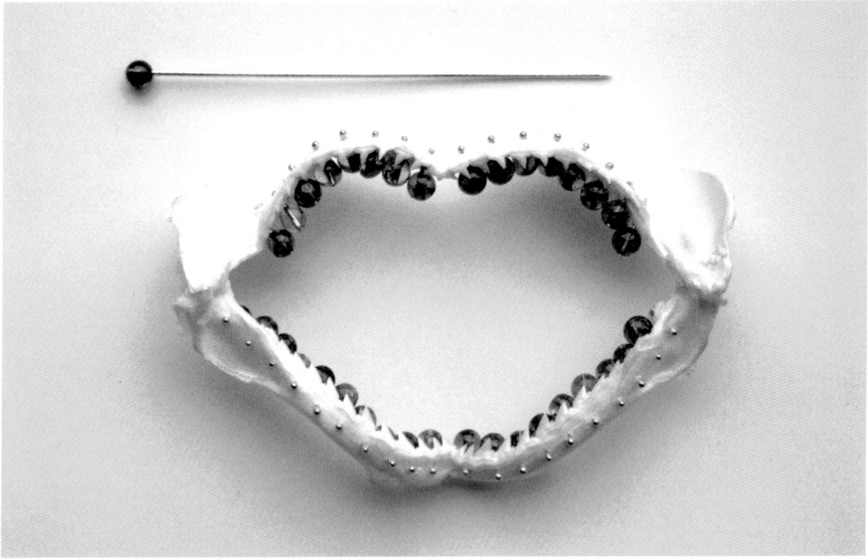

〔圖 56〕赫爾曼・赫姆森設計的「阿拉達利」（AlaDali）胸針，製作於 2015 年，採用鯊魚頷骨、琥珀珠與黃金。

於琥珀的現代性，在成熟的年輕群眾中加以推廣。赫爾曼・赫姆森（Herman Hermsen，圖56）以及海德瑪麗・赫伯（Heide-Marie Herb）兩位知名藝術家在職業生涯中，一直都以琥珀為創作素材。他們以顛覆傳統與俗套的方式參與琥珀實驗。在他們手中，閃閃發光的琥珀珠成了鯊魚頷骨上的牙齒，幾何形狀的琥珀方塊與稜柱和貴金屬支架結合，呼應著大樑與其他工業結構。另一方面，視覺藝術家于吉以誇張的手法將琥珀項鍊擴大到無法穿戴的程度。在作品〈練習曲——慢板，樂章 IV〉，她將生鏽的金屬鏈扭結懸掛在展覽廳的天花板上，每條鍊子都滲出、滴落著厚厚一層琥珀色黏稠物。

傳統的創造

赫姆森與赫伯的作品挑戰了長久以來認為只有祖母和曾祖母一代才會用琥珀的想法。對許多人來說，琥珀是傳家寶。它最後一次流行是在一九三〇與一九四〇年代，在德國最為風行。羅馬作家塔西佗討論日耳曼民族時，特別提到琥珀。[1] 讓德國國家社會主義政府推廣琥珀。[2] 德國與德國僑民被鼓勵擁抱琥珀作為自身的歷史象徵。[3] 商店櫥窗陳列琥珀首飾時，也會擺放穿著「日耳曼」、巴洛克與現代服飾的小人偶，配上標語：「幾世紀以來的德國國寶」。[4] 琥珀的金色被比擬為「德國捲髮」和「成熟的玉米穗」，認為是愛國女性的完美飾品，並由社會名流和明星擔任模特兒（圖57）。[5] 柯尼斯堡（今加里寧格勒）的琥珀製作展覽在德國與其併吞的領土上巡迴展出。一九三六年柏林奧運會以琥珀製作紀念品，阿道夫・希特勒（Adolf Hitler）的自傳《我的奮鬥》（*Mein Kampf*）也有豪華的琥珀裝訂版。[6]

在諸多現象中，最有趣的可能是六千多萬個加工成西裝領針與吊墜的小塊琥珀，用作對國家福利慈善機構捐贈的紀念品。這些紀念品的形狀經常改變，有時代表橡樹與三葉草的葉子，有時代表春天的花朵，藉此鼓勵人們定期捐贈並建立收藏，其中還有一本專門製作的手冊作為參考。一位博物館研究員曾評論，雖然每個徽章看起來「只不過是一個深奧的符號」，但每個徽章都有自己的價值，象徵著「我們希望得到幫助，也為我們能夠幫助他人而自豪。」他強調，「只有琥珀能清楚表達這一點」，因為「靈魂的內在需求」吸引德國人佩戴琥珀。作家認為，德國人有義務購買他們的國石，有些人甚至認為琥珀只能由德國人配戴。[7]還有一首這樣的詩：

來自德國土地的德國石頭
把它驕傲地握在你手
你被要求攜帶它
因為你愛你的祖國。
塑造你的古老元素力量
簡單的德國寶石
散發光芒宣告著：
「我的主人也應該是德國人。」[8]

〔圖 57〕柯尼斯堡國家琥珀製造廠英文宣傳冊的封面，上有艾森堡弗萊堡男爵夫人（Baroness Freyberg zu Eisenberg）黛西・多拉（Daisy d'Ora）的肖像，約1930年。

繁榮與再次蕭條

歐洲琥珀產業面臨挑戰已有相當長的時間。在十九世紀，它發展出相當龐大的規模，客戶群遍及全球。自一八五〇年代以來，由於潛水、挖泥與噴水清理技術的發展，琥珀原料的數量與種類大幅增加。琥珀用來製作項鍊、手串、髮飾等，珠寶級琥珀只是其中一種。大約有四分之一的珠寶級琥珀留在德國，其餘的送往歐洲各地，以及土耳其、墨西哥、印度與香港。每個國家都有自己的市場、時尚與傳統。在維多利亞時代晚期的英國，唯美主義運動（Aesthetic movement）鼓勵女性佩戴琥珀，認為這是一種輕鬆自然的材料。[9]在鄂圖曼帝國與整個伊斯蘭世界，琥珀珠用來製作誦贊主時使用的祈禱珠；用作護身符的古蘭經形狀小盒，掛鏈也會綴以琥珀珠。在摩洛哥的猶太社群，人們認為琥珀珠可以延年益壽，也會用在婦女服飾。而在伊拉克庫德斯坦地區，琥珀珠用來懸掛護身符與其他吊墜。

自一九〇〇年左右開始，琥珀開採愈來愈無利可圖。第一次世界大戰後的《凡爾賽條約》（Versailles Treaty）引發了更多的問題。西普魯士與旦澤割讓給波蘭。東普魯士與柯尼斯堡成為半自治行政區，受到國際聯盟保護。該地區與德國的隔絕意味著通往市場的途徑不順暢；德國商品在戰後不受歡迎；[10]琥珀本身也面臨了外觀相似的廉價合成材質競爭。[11]國家社會主義黨對琥珀的關注，則讓這個衰弱的產業免於崩潰。

用於吸煙與鼻煙的琥珀

琥珀的獲取與加工產生了大量的浪費。人們發現，碎片可以加熱進行形塑與染色。尤其適合用來製作煙斗、雪茄與香煙的煙嘴（圖58）。在維也納，壓製琥珀獲得了專利，它通常結合了雕刻精美的海泡石（Sepiolite）煙碗，有時也會用琺瑯裝飾，例如維也納工坊（Wiener Werkstätte）藝術家設計的方頭雪茄煙。[12]再往東，在巴爾幹半島，壓製琥珀煙嘴則與銀製細絲工藝品結合，而更東邊的鄂圖曼帝國，壓製琥珀的水煙煙嘴則鑲上了寶石。

時髦的琥珀煙嘴是琥珀與煙草之間長期關聯的結晶，尤其是鼻煙這種加入

〔圖 58〕以巴伐利亞國王路德維希二世（King Ludwig II）加冕典禮為題的雪茄展示架，製作於 1864 至 1867 年，材質為琥珀與海泡石。

香料的粉末狀煙草。將近兩世紀以前，琥珀用來製作可放入口袋內的鼻煙容器，這在十七世紀後期與十八世紀早期，是紳士們不可缺少的配飾。雖然許多鼻煙盒都是出自普魯士工匠之手，也有一些是大城市專家的作品。一名倫敦金匠的名片就以三種語言廣告，表示他能用琥珀製作「各種各樣的奇珍異寶」，也寫著他願意購買「琥珀、珠寶與奇玩珍品」，也許是為了將它們改造成其他同樣時髦的袖珍物件，例如錶盒。[13]

在十八世紀早期，歐洲人吸鼻煙與使用專用容器儲存鼻煙的作法，在中國的乾隆朝廷造成一股風潮。沒過多久，中國工匠就開始製作鼻煙容器，以滿足當地客戶的品味與需求。拳頭大小的鵝卵石形琥珀非常適合用來製作鼻煙壺。這些鼻煙壺以各種工藝技巧而聞名。瓶形容器雕刻得非常薄，甚至光線都可以穿透（圖59）。將內部掏空並透過一個微小開口將瓶壁弄薄是漫長精細的工序，絕非易事。葫蘆與甜瓜形狀的瓶子巧妙地運用了琥珀的紋理、斑駁的色調與閃爍的色彩。《勇盧閒詰》是第一個關於中國人鼻煙的研究，文中特別強調琥珀多彩色調的吸引力。為了增添趣味，製作者有時會在瓶身添加繪畫細節，許多鼻煙壺上也有雕刻，尤其是刻上詩歌與吉祥話。中國鼻煙壺在十九世紀成為廣受收藏家歡迎的收藏物件，尤其在歐洲。時至今日，在歐洲、亞洲與美國依然非常搶手。

〔圖 59〕雕刻有仕女童子遊園圖像的鼻煙壺，出於清朝乾隆年間（1736-1795），材質為琥珀、象牙與珊瑚。

戰場壓製的琥珀

十九世紀末歐洲的琥珀評注者對熔合琥珀的評價並不高。柯尼斯堡土木工程學院院長尤金・馮・西哈克（Eugen von Czihak）呼籲人們應更重視琥珀。[14]西哈克受到一群當地生產者兼抗議者的啟發，這裡指的是琥珀應用藝術協會（Association for the Utilization of Amber in the Applied Arts）。[15]他們認為，壓製琥珀用來製作「糟糕的產品」將造成真品貶值，例如：

> 和玫瑰花瓣與鮮花串在一起的鏡框、毫無意義的小擺

件、方尖碑狀的溫度計、製作粗陋的餐具櫃形大鐘外殼、將墨水井做成警衛室形狀，以及崁入小琥珀片和鏈子的廣場，還有……醜陋的……金屬製蜥蜴和青蛙攀爬琥珀峭壁的擺件。[16]

協會還發現當代珠寶的不足之處，認為商業珠寶只是「適度展現這種多色彩材料的啞光色澤。」[17]德國策展人奧圖．佩爾卡（Otto Pelka）稍後的說法，就沒有那麼圓滑了。他咒罵十九世紀晚期，認為這是一個「……胸針、手鍊與項鍊的時代」，製作這些首飾的工匠「愈來愈將自己局限在製作與雕刻量產物件，絲毫沒有藝術價值可言。」[18]該協會呼籲，琥珀應以切合其本質、質地、顏色與特性的方式運用。他們在一九〇〇年巴黎世界博覽會贊助了一項展示。[19]展區有鑲嵌著琥珀的牆壁，以飾有琥珀的柱子為中心，展示了一只用琥珀海洋生物裝飾的托盤，以及有琥珀鑲嵌拼花的家具。

國際博覽會是展示波羅的海琥珀可順應現代需求的地方：為門鈴設計的琥珀按鈕只是提議之一。然而，普魯士珠寶卻難以因應這個挑戰。眼光敏銳的客戶不得不轉向其他地方：丹麥有蓋歐克．傑森（Georg Jensen）與伯恩哈德．赫茲（Bernhard Hertz）結合琥珀、銀和綠瑪瑙製作的帶釦、胸針與吊墜（圖60）；荷蘭有 Van Kempen & Son 和 Van den Eersten & Hofmeijer 等品牌將琥珀運用於器皿與珠寶的製作；維也納有維也納工坊用琥珀製作的帽針和胸針；巴黎有克里斯蒂安．弗丁斯塔德（Christian Fjerdingstad）將琥珀運用在為昆庭（Cristofle）設計的作品上，卡地亞（Cartier）則有用黑色琺瑯、琥珀、翡翠與鑽石打造的奢華粉盒與煙盒（圖61）。在普魯士，設計導向的珠寶初次興起於一九三〇年代，當時位於柯尼斯堡的國家琥珀製造廠投資任命了托妮·科伊（Toni Koy）、揚·霍爾舒（Jan Holschuh）與赫爾曼·布拉切特（Hermann Brachert）等藝術家金匠。[20] 他們的早期作品是個人對個別琥珀之美的回應，但作為國家琥珀製造廠的員工，作品也展現了國家社會主義工人黨的態度與抱負。

串珠製作

對於馮·西哈克與佩爾卡等作家來說，首飾是一個完美的主題，非常適合藉以討論琥珀的過去、現在與未來。畢竟，將琥珀用來製作串珠已有非常悠久的歷史。今天的基本步驟與中世紀歐洲所遵循

〔圖 60〕蓋歐克·傑森，大師胸針第九十六號，產自丹麥哥本哈根，約 1900 至 1910 年，材質為銀、琥珀與綠瑪瑙。

〔圖 61〕粉盒與煙盒，巴黎卡地亞公司，約 1920 年，
材質為琺瑯、鑽石、綠玉髓、琥珀、鏡面玻璃、黃金與白金。

的大致相同。

琥珀的外殼削掉後，打磨出珠子的形狀。車床是用來「車削」光滑的球形珠。車床最早為手動，後來則有基本的踏板車床（圖62）。琥珀珠的刻面經過切割或研磨。歷史資料顯示，刻面珠必須採用完全透明、內部無裂痕的琥珀，再加上此類珠子須經過的額外工序，讓成品更加昂貴。琥珀珠也須打孔。考古學家已經證明，打孔時是從兩邊慢慢鑽到中間會合形成。工坊的挖掘紀錄中，也可得知許多琥珀珠會在打孔過程裂開。熟練的打孔技能尤其重要，因為使用彩色絲帶串珠，會讓眼光留意到穿孔通道。今日，電動鑽孔機已可在幾秒內鑽好一個洞。

專業的珠子製造商為商業銷售制定了標準化的形式。早在一二六〇年代，琥珀已是

〔圖 62〕夏洛特·馮·克羅（Charlotte von Krogh）
〈琥珀工人的作坊〉(1909)，布面油畫。

巴黎珠子製造商使用的八種標準材料之一，時間較巴黎稍晚的布魯日與呂貝克同業也將琥珀視為常備材料。到了十六世紀，珠子開始出現花俏的形狀，如「榛子形」、「帶刺栗形」、「大蒜球莖形」等。[21] 較難製作且需要更多勞力的精細珠形也曾於巴黎考古遺址出土，時間可追溯到一五九〇至一六〇五年間，有些物件也保存在博物館中。[22] 一本現代寶石學教科書指出，用於琥珀加工的工具有十種，在十六世紀的德勒斯登（Dresden），薩克森邦的選帝侯有一間迷你工坊，配備了鑿子、半圓鑿、鑽子、鋸子、扳手、鑽頭與粗銼刀等。[23] 這可能並未反映出一般琥珀加工者的實際狀況。

一位學者發現，巴黎只有兩名珠子製作者擁有車削琥珀珠的專門設備。[24]教廷大使賈科莫・芳圖齊（Giacomo Fantuzzi）於一六五二年造訪旦澤時，看到一名工匠將琥珀黏在調色板，然後用一把簡單的小刀雕刻。[25]

工作條件

在討論到琥珀珠時，不能不提及琥珀珠製作者的工作條件。而情況與現代的理想相去甚遠。在十六世紀，工坊的典型冬季工作日為十四小時，夏季則拉長到十六小時，週日工作半天，工作包括修整、車削與穿孔。這些任務涉及不同程度的技能，反映在個別工人的期待生產數量與報酬上。在中世紀的呂貝克，一名助手車削一千顆珠子的報酬是打孔工人的兩倍。[26]在十六世紀的旦澤，一名助手必須為九・五公斤的琥珀打孔，才能賺得相當於車削兩公斤的酬勞。[27]在施托爾普（Stolp）／今波蘭西北部斯武普斯克（Słupsk），一名學徒每週要求修整約七・五公斤的琥珀。[28]廢料相當多，每生產五百公克的琥珀珠，大約得用掉一公斤的琥珀。十六世紀時，旦澤約有兩百五十名琥珀工匠。一間典型工坊由六人組成，包括一名師傅、三名助手與兩名學徒。能否身為師傅，主要在於他們使用測量工具的能力，例如製作「球形珠時不用圓規只憑肉眼就能做出同樣大小且均勻的孔」。[29]不難想像，琥珀工人的視力有時會大受影響。

銷售琥珀珠

珠子製作者將產品賣給中間商與商人，提供的通常是按照標準商定的重量，在全年的關鍵日期交貨。這些琥珀珠會運送到安特衛普（Antwerp）、科隆（Cologne）、法蘭克福（Frankfurt）、紐倫堡（Nuremberg）與威尼斯等地轉賣。一項針對一五六二至一六一〇年巴黎人死後財產目錄的研究顯示，琥珀珠大約占所有珠子的五%。[30]在中世紀的熱那亞（Genoa），琥珀是繼祖母綠、紅寶石、藍寶石、鑽石、綠松石、貝雕（cameo-shell）與白水晶之後的第八大進口「寶石」。[31]進口琥珀可能只有極少部分供當地消費。事實上，許多義大利城鎮都根據限制特定階層、特定支出類型的法規，禁止琥珀的佩戴。[32]熱那亞人在進口以後，又將琥珀賣到整個地中海地區。也多虧了熱那亞人，琥珀才能到達敘利亞大馬士革等地。

儘管萊茵蘭（Rhineland）有廣泛的貿易網絡，而且據說每一百名萊茵蘭商人，就有一人有琥珀。[33]琥珀有時並不容易購得。從普魯士海灘搜集到的數量，年與年之間的差異可高達五十桶。有些時候的數量太多。一四二〇年，一位威尼斯商人寫道，他「收到了兩種念珠串用的大珠子類型，但仍未售出；這裡的（琥珀）量太多，銷售無法起飛。」[34]他的解決方法是用珠子作為貸款抵押品，這種投機取巧的交易方式與波蘭共產黨和東德的情況並沒什麼不同，琥珀成了跨幕以物易物經濟的一部分。時至今日，琥珀原料與加工琥珀的供應過剩依然是個問題。[35]當時和現在一樣，政治形勢很重要。對一五九〇至一八〇〇年間進出波羅的海時，向丹麥王室支付通行費的登記冊研究顯示，（合法）貨物大約有兩千件，多往返於旦澤與阿姆斯特丹之間，研究同時也凸顯了衝突時期運輸的低潮。[36]

為什麼近世歐洲對珠子會如此追捧？是不是每個人都在戴琥珀項鍊、穿著用琥珀珠鑲邊的衣服？答案在於一種在十四世紀末期開始流行且形式特殊的祈禱串珠。虔誠的信徒將他們的祈禱集中在耶穌基督與其母瑪利亞的生平上，並使用一串珠子注記這些事件在祈禱中的位置。[37]祈禱文與用以祈禱的串珠稱為玫瑰經。在禱告時，如果念誦《天主經》與《聖三光榮頌》用的是同一顆珠子，念誦一次《天主經》、十次《聖母經》與一次《聖三光榮頌》至少需要十一顆珠子。玫瑰經必須周而復始地誦念五次（稱為五端），每一次都代表聖母的奧蹟，這意味念珠可能需要有五十顆以上的珠子（圖63）。

波羅的海琥珀向東方發展

歐洲之外的琥珀珠市場也相當大。琥珀在近東與中東的流行讓旅行者驚訝，也讓普魯士人感到困惑。自十六世紀中葉開始，亞美尼亞人與猶太人的僑民網絡藉由無數的陸路與水路路線，促成了琥珀在西亞與中亞的流傳。後來，亞美尼亞商人與琥珀的關係變得如此密切，以至於倫敦在十八世

〔圖 63〕含有五組十顆小珠的玫瑰念珠，德國製作，17 世紀中期，材質為銀、銀鍍金、琥珀、彩繪象牙與玻璃。

紀初，帶著長串琥珀珠的人會被直接認為是亞美尼亞人。在君士坦丁堡（今伊斯坦堡），西歐遊客驚嘆於琥珀商人累積的財富。某位旦澤商人甚至特地去了一趟，因為「他想知道土耳其人拿這麼多琥珀幹什麼。」[38] 琥珀似乎遍及整個地區。十六與十七世紀的旅行者解釋，琥珀用來修飾「轡繩、馬鞍與馬鞍毯」，也用來裝飾駱駝。[39] 皮耶特羅・德拉瓦勒（Pietro della Valle）看到巴格達附近的貝都因人（Bedouins）戴著琥珀項鍊，他們的項鍊也許結合了銀珠、盤珠與硬幣等材料，仍為葉門和北非地區的典型珠寶；

而在希拉茲（Shiraz），他則看到當地人用稻草把光滑與有刻面的琥珀珠繫在腳踝。[40] 到了一六九〇年代，據說「奧地利、德國、波蘭與威尼斯周圍」的市場根本無法與之相比。[41] 這些資料並沒有提到祈禱珠與解憂珠，而這些念珠現在最常見於西亞地區。琥珀廣泛用於拿在手中的物件，意味著在近東與中東地區，人們普遍意識到琥珀有氣味、觸感溫潤且帶有靜電，這樣的特性在歐洲幾乎不為人知，歐洲人習慣將琥珀用作佩戴，而非拿在手中把玩。

在歐洲東南部與西亞地區，琥珀也因為歷史上作為吸煙配件而特別有名，主要是水煙煙嘴（圖64）。這些都建立在利用琥珀製作置於嘴上之物的悠久傳統上。在十七世紀，歐洲基督徒了解到，使用琥珀製作湯勺等器具，是因為伊斯蘭教禁止使用金銀器皿飲食。十九世紀法國作家泰奧菲爾・哥提耶（Théophile Gautier）在造訪伊斯坦堡之後評論道：

> （琥珀）在君士坦丁堡非常珍貴，土耳其人喜歡部分不透明的淡檸檬黃色琥珀，並希望它沒有斑點、瑕疵或紋理；這些條件多少有些難以同時達成，煙嘴的價格也因此水漲船高。一副完美的琥珀煙嘴要價可能高達八千到一萬皮亞斯特……，收藏價值十五萬法郎的煙斗，在伊斯坦堡達官貴人或富人之間一點也不稀奇……。事實上，這是東方人展示財富的方式……。任何有自尊心的土耳其人，都不會使用純琥珀以外的東西。[42]

煙斗就像珠寶，與人的臉和手有著密切的關係，是一種重要且顯而易見的社會標誌。

廉價飾品的琥珀珠

在十六世紀的歐洲，琥珀珠的用途發生了轉變。新教地區已不鼓勵使用玫瑰念珠，琥珀珠因此失去了祈禱珠的功能，只能在沒有任何宗教原因的情況下佩戴。根據一位編年史作者的說法，琥珀比黃金更受歡迎，這當然是誇大其詞。琥珀的佩戴是代代相傳的。年長的婦女賣掉她們的琥珀，因為她們認為「佩戴色彩鮮豔的項鍊或珠寶」並

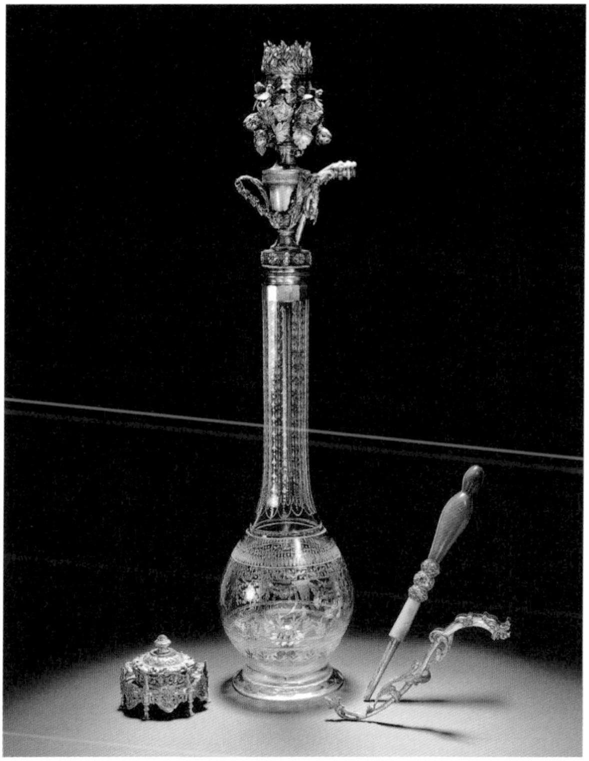

〔圖 64〕水煙底座與煙嘴、火鉗與煤盆，來自波希米亞與鄂圖曼帝國，19 世紀，材質為玻璃、銀與琥珀。

〔圖 65〕項鍊（朝珠）與其原本的木盒，19 世紀，
材質為翡翠、琥珀、粉水晶、銀、珊瑚與絲綢。

不得體。[43] 琥珀項鍊與手環主要是年輕婦女與孩童（男女皆然）佩戴，後者可能是因為琥珀被認為可以保護人們免受惡靈侵害。[44] 到了一六九〇年代，琥珀用來「幫助乳牙發育」，這種用途至今仍有爭議。[45]

相較於同時期中國朝廷官員佩戴的朝珠，倖存下來的歐洲頸鏈在設計上相當簡單。朝珠是由一百多顆珠子組成的長鍊（圖 65）。這種項鍊源於用琥珀數珠唸佛經的古老傳統，在一六四三年，由於達賴喇嘛將這種念珠贈送給中國，而開始在中國流行起來。朝廷法律與儀式禁奢規範強制了官員的穿著。例如，規定皇帝前往地壇（Temple of the Earth）時，要佩戴黃色的琥珀珠。根據清朝（1644-1911）五色的概念，黃色不僅是土（中央）的顏色，是皇家專用的顏色，也是皇家嬪妃穿的顏色。[46]耶穌會傳教士阿瓦羅・塞梅多（Alvaro Semedo，漢名原謝務祿，後改名曾德昭）認為琥珀珠來自中國西部的雲南，並解釋琥珀可以用於治療鼻子、喉嚨或鼻竇的鼻涕與痰。[47]

造訪中國的西方遊客也在信中提及，他們看到用作朝廷官員官帽頂飾的單顆琥珀珠，但對於許多存續至今的雕刻琥珀珠和掛在扇子上的綴飾等隻字不提，這些與現在的手機掛飾沒什麼不同。在亞洲與歐洲，琥珀珠常用來裝飾紡織品，尤其是因為質地輕盈的琥珀幾乎不會增加厚重天鵝絨與多層絲綢的重量。在歐洲，管狀與桶狀的琥珀珠用來裝飾衣物，這可能是因為琥珀銷售有時僅限於綢布商人。在中世紀與文藝復興時期的歐洲以及中國明朝，琥珀珠都用來裝飾腰帶與髮網。[48]中世紀晚期的英格蘭，琥珀做成「金盞花莖與花冠」的模樣並用於鈕扣，奢華之人會裝在小金籠內。[49]很久以後，甚至出現更奢華的可佩戴鐘錶（圖66）。這種作法延續至二十世紀可見於時裝圖樣，愛德華時代（Edwardian）人們會巧妙運用琥珀珠點綴服裝的垂墜與皺褶處。

琥珀的氣味

在部分近世文字資料中，很難區分出琥珀（amber）與龍涎香（ambergris），後者是一種極受珍視的物質，來自抹香鯨的消化道。[50]這是因為在許多歐洲語言中，「琥珀」一字兼具這兩種意義。

〔圖 66〕罌粟花蒴果狀的錶，17 世紀早期，
材質為琥珀、銀與黃銅。

宮廷刺繡師帳簿記載的小琥珀珠支出，可能指的是琥珀或龍涎香，而描述為琥珀裝飾的服裝，也可能是使用了琥珀或龍涎香的其中一種。琥珀與龍涎香之間的混淆，部分原因在於兩者都因為其氣味而受到珍視。在中世紀與文藝復興時期的歐洲，琥珀的吸引力部分來自其氣味。許多作者建議用琥珀替代薰香，品質較差的琥珀也具備此用途。[51] 琥珀可以燃燒的事實，反映在大多數北歐語言給它的名字，字面意思就是「燃燒的石頭」。[52] 琥珀也被廣泛推薦用作空氣清新劑。與花瓣和香料混合可做成房間薰香，亦可撒在炙熱的鐵塊和煤炭上。如此釋放出的濃煙被認為具有淨化作用，因此在瘟疫肆虐倫敦之際，琥珀用於大規模的公共區域薰蒸。[53] 人們有時也

認為燃燒琥珀產生的煙具有神奇的力量。一位醫師聲稱，他看過一名病人在薰蒸後立即甦醒。[54]有人說，濕燒琥珀可以驅逐惡靈。今日，人們仍然認為琥珀有益健康，用它來建造蒸氣浴室。立陶宛假日公園酒店（Atostogų Parkas）的水療中心就用了大約三噸重的琥珀打造。

把琥珀磨成粉能進一步釋放琥珀的氣味。琥珀粉與油脂和水混合後，用來灑在手套和皮膚上增添香氣：這兩種「佩戴」琥珀的方式在今日已非常少見。蒸餾琥珀可製作出琥珀油。發現琥珀油的醫師約翰尼斯．馬根布赫（Johannes Magenbuch）將琥珀油、琥珀水與琥珀糖進獻給普魯士公爵，藉此宣布這項發現。這個時期的許多皇室成員都對科學實驗感興趣，向公爵請求以將琥珀用於自己的實驗。後來，印刷食譜也向更多人分享了製作琥珀油的方法。食譜作者告訴讀者，將琥珀粉溶解在溫的亞麻油或酒精中。溶於酒精比較不油膩，因此適合用於衣物。朱塞佩．唐澤利（Giuseppe Donzelli）告訴他的讀者，將一磅琥珀粉與等量的葡萄酒混合，加熱混合物，直到蒸餾出金色的露水。他警告讀者要小心，以免做出「紅色、黏稠且具有惡臭」的油。深色的油會讓織品染色，唐澤利還提出了用鹽漂白琥珀油的配方。[55]儘管荷蘭東印度公司的有關資料顯示，遠東地區並沒有琥珀油的市場，但有些軼事證實，中亞人會用琥珀油替動物皮染色。在英格蘭，琥珀、黃赭石與乳香的混合物也推薦用於將皮革染成黃色。[56]令人著迷的是，今日琥珀用於紡織品的製作。科學家利用琥珀的收斂性，讓織品收縮、減少滲色，並將其加工成外科手術用的纖維。[57]

配件與健康

琥珀油在近世歐洲非常受歡迎，因為人們相信琥珀的氣味「可以有效促進並維持健康，同時阻止和消滅所有疾病。」[58]無論是在德國、義大利、法國或英格蘭，利用琥珀氣味的方法很多，其中最引人注目的——僅次於使用琥珀柄馬鞭與將碎琥珀撒在頭髮上（後來則為假髮）——無非是香球（pomander）的使用。古代哲學家與醫生曾寫到「spiritus animalis」（精神力量）：這是只在大腦中產生的東西，從吸收大氣的「生命精氣」再過濾或蒸餾而來。人們認為鼻子是通往大腦的直接通道，琥珀的氣味因此可以直接支持「精神力量」。

中文譯作香球的pomander一字，來自pomum d'ambra（琥珀／龍涎香蘋果）。手掌大小的琥珀塊是最簡單的香球，只要搓揉一下就能散發香氣。一般人更熟悉的也許是掛在脖子或腰上的球形珠寶型香球。[59]有些由金屬製成，如橙子般分割，分割部位是盛裝芳香劑的地方，現存刻有「琥珀」字樣的香球證實人們確實會將琥珀置於其中。還有一些是穿孔的球體，看來像是現在的泡茶器，它們裝滿了香膏，有時本身甚至就是用琥珀製作（圖67）。此外，還有一種稱為嗅瓶的東西，這是一種瓶塞穿孔的小香瓶，裡面可以重複填裝琥珀油；有些嗅瓶也是用琥珀製作。琥珀油也可以用來製作臨時薰香；可以將海綿浸在琥珀油裡，或是讓琥珀油在「柏木、杜松木或月桂木做成的空心小盒子裡」凝結。[60]儘管如此，它也可以單獨使用。在鼻孔下塗抹琥珀油可治療癲癇和憂鬱症。將琥珀油塗抹在太陽穴則可以治療頭暈、痙攣與顫抖症。

在中國，琥珀早在宋朝就已被視為一種芳香劑。統治今日中國北部與蒙古地區的遼朝（916-1125），則將琥珀用作香料、茶葉、藥品和化妝品的容器。時間可追溯到西元二〇〇年的中國資料，描述了將琥珀當作頸部與頭部支撐物的用法（即枕頭），而一份更晚的宋代文獻則提到一位接受使用琥珀枕的皇帝，不是因為它有助休息和睡眠的用途，而是因為它可以搗碎用作

〔圖 67〕來自布蘭登堡瑪格達列娜．希比拉莊園（Magdalena Sibylla）的琥珀珠與香球，可能產自柯尼斯堡，17 世紀早期，材質為琥珀與絲綢。

藥品。[61]

琥珀吊墜與肖像吊墜

由於中國的琥珀枕完全沒有保存下來，我們並不知道它們的外觀。它們可能有精細的雕刻，就如其他倖存下來、如今已被視為藝術品的琥珀飾品一樣。遼代墓葬的倖存文物，無論是雕刻的容器或純粹的裝飾吊墜，在將無定形的琥珀塊轉化為造型形式方面，展現了絕妙的想像力：有船員的小巧船隻、翻滾的龍、築巢的鵝、蟬與羽毛鳳凰。中國的物件會注意到琥珀本身的材質特性，敏銳地反映出原始「石材」，也許是為了減少在加工這種極其珍貴的進口材料時所造成的損失。

歐洲的情況則相反，雕刻耶穌基督形象的琥珀胸飾（高級神職人員佩戴在胸前的垂飾）向來以對原材料的奢侈作法而聞名（圖75）。材料的原始型態蕩然無存。在中世紀歐洲，人們對原始琥珀塊的形狀不太感興趣，而是更著重於琥珀與其他「石頭」相形之下的獨特之處，也就是琥珀的色澤與透度。藝術史家一直在思考，用琥珀呈現基督的模樣是否有聖經的理由，進而挑選出聖保羅（St Paul）寫給哥林多人（Corinthians）第一封信的一節：「我們如今彷彿對著鏡子觀看，模糊不清；到那時就要面對面了。」出自《哥林多前書》第十三章第十二節（1 Corinthians 13:12）。也可以說，用琥珀製作這樣的胸飾與《出埃及記》（*Book of Exodus*）所述亞倫（Aaron）的胸牌有關。有些解經認為琥珀是鑲嵌的十二種寶石之一。吊墜的另一端粗略地雕刻著象徵基督肖像的符號。

吊墜可以有很多形式。心在西方傳統的特殊意義體現於心形吊墜。在中世紀的思想中，心被認為是靈魂或精神的歸宿，在紋章學（heraldry）用來表示清晰。心形用於表現人類的激情，促使它在今日被當成愛的通用標誌。心形琥珀吊墜是十六世紀與十七世紀早期的現象之一，它們既是個人情感的容器，也是個人情感的展現。許多都雕刻或嵌入與宗教相關的圖像（圖68），還有一些則刻畫上世俗統治者的形象。帶有聖像的琥珀心形墜通常以念珠或鏈子懸掛，在昂貴的天鵝絨和絲綢上散發金色光芒；帶有肖像的心形墜裝好並戴在脖子上，也許像胸飾一樣掛在佩戴者的心臟前。[62]當克拉科夫（Krakow）皇家禮拜堂內安娜·雅蓋隆卡（Anna Jagiellon）的墳墓被打開時，人們發現她的陪葬品有一顆心形琥珀，上面有她丈夫史蒂芬·巴托里國王（King Stephen Báthory）的肖像。佩掛在胸前的吊墜顯然是彰顯地位、身分、忠誠與意圖的標誌。出於最後一個原因，從雍正皇帝時期（約一七二三至一七三五年），朝廷官員上朝時會佩戴刻有「齋戒」字樣的琥珀卡狀吊飾，以提醒自己和他人在祭祀儀式前自我約束。[63]

中國的琥珀飾品

中國清朝使用的琥珀原料有兩個來源。首先是波羅的海琥珀，這是延續自漢代的悠久傳統。幾個世紀以來，波羅的海琥珀經由陸路進入中國，藉由完善的商業網絡交易。在十七世紀，琥珀也開始透過開普航線(Cape Route）與荷蘭東印度公司，經由海路抵達亞洲。荷蘭人早在一六五〇年代就向中國皇帝介紹了他們的琥珀進獻，贈送了琥珀原料、琥珀珠與基督教的聖像。[64] 荷蘭人的貿易帝國側重於印尼巴達維亞和日本出島，將這兩個地方當作在該地區進行買賣的樞紐。一船運往東方的琥珀可能包含七百多公斤的琥珀。[65]

在亞洲，歐洲琥珀的交易

〔圖 68〕鑲有耶穌基督受難場景的心形吊墜，據載於 1616 年在托斯卡尼大公夫人奧地利的瑪麗亞．瑪格達列娜（Maria Maddalena）的禮拜堂，可能出自柯尼斯堡，約 1600 至 1610 年，材質為黃金與琥珀。

有檯面上的，也有檯面下的。有充分證據顯示，荷蘭東印度公司的員工發現，琥珀是獲得個人利益的有效途徑。由於被發現之後並不總是導致解僱，這個風險是值得承擔的。[66] 日本出島的一位醫師評論了日本人對歐洲琥珀的興趣，尤其是用於漱口水。現存物品顯示，琥珀也用來製作繫在和服腰帶的根付（Netsuke），以及印籠（Inro，用以放置私人印章或藥品等小物件）的繫繩。在日本，非法銷售琥珀會受到嚴厲懲罰。一位荷蘭商人因為違反商定交易機制而被驅逐，其日本同夥則遭斬首。[67]

中國清朝的第二個琥珀原料來源為現在的緬甸。雖然琥珀在緬甸已開採了幾個世紀，但世人並不知道琥珀源於緬甸。自西元一世紀以來，中國西南部與緬甸接壤的雲南省一直被認為是琥珀的來源地，雲南如今仍為琥珀銷售與加工的重鎮。[68] 有關緬甸琥珀採收與加工的歷史和傳統，仍有許多研究有待發表。質地輕盈的琥珀是製作耳塞的理想材質，當地人很早便有此用途，至今仍為欽族（Chin）與米佐人（Mizo）的傳統服飾。琥珀也被認為是皇室標誌之一，當皇室有男嬰出生時，顯然會用琥珀球作為宣告。[69] 學者對緬甸琥珀在中國的情況了解得比在緬甸的情況更詳細，得歸功於可以追溯到一千多年前的豐富文字紀錄與材料來源。這些都表示，人們知道亞洲琥珀只是眾多種類之一。同樣的資料幾乎沒有提到這些琥珀種類的確切來源，也沒有提到中國雲南或其他地方的工匠與作坊。許多現存文物的品質，以及與其他材質（如玉石）的比較顯示，最精彩的物件可能是由北京宮廷作坊技術高超的雕刻師所製作。

印度的琥珀

十七世紀耶穌會傳教士阿瓦羅・塞梅多讚揚了雲南人的記憶，同時強調他們的手工藝品也出口到印度西部的果阿邦（Goa）。[70]雖然近年來在印度西北部發現了琥珀礦床，[71]當老普林尼提到琥珀可能出產自該地區時，指的可能是緬甸琥珀。[72]來自東方與西方的史料都證實了塞梅多的說法。據說，十五世紀中國航海家鄭和是從印度西南端的卡利卡特（Calicut，今Kozhikode）購得琥珀，有些人將這個地區稱為馬拉巴爾海岸（Malabar Coast）。[73]卡利卡特的西班牙總督肩負了為國王獲取琥珀的任務，荷蘭人揚・哈伊根・范林斯霍滕（Jan Huyghen van Linschoten）告訴他，可以去古吉拉特邦（Gujarat）的坎貝（Cambay）購買。[74]在英格蘭，準會計師在學校學習數學時，用的是在後者採購琥珀的假設範例。[75]

然而，上述都沒有更詳細探討印度琥珀的來源。到了十六世紀晚期／十七世紀初期，這些琥珀可能是波羅的海琥珀，也可能是緬甸琥珀。就像荷蘭人，英國東印度公司源源不絕地將歐洲琥珀運往印度，其中大部分是殖民交易中用作甜味劑的朱花琥珀（Fancy Amber）。琥珀柄餐具贈禮是贏得青睞的方式之一，會與其他商品一起當作禮品。在奧朗則布皇帝（Emperor Aurangzeb）的宮廷裡，一位法國醫生利用琥珀柄餐具尋求對其公司重新談判的支持。[76]雖然東印度公司的代理人有時會收到當地統治者的具體要求，比如越南統治者鄭柞（Trịnh Tạc）曾在一六七三年提出要五十公斤的「大塊琥珀」與「五千塊琥珀串珠」，[77]不過他們似乎是以一種更無章法的方式取得了商業成功。嘗試與錯誤讓他們了解到，白色與黃色的琥珀珠賣得很好，尤其是品質適當者，而天然琥珀則不然。一旦代理人掌握了這些訊息，他們就能加以利用以獲取個人利益。一七四九年，一批私人運送的琥珀，價值超過五百英鎊。這相當於今天的六萬四千英鎊，在當時足以支付一名技術高超的工匠十五年的工資。[78]預期的回報肯定是豐厚的，而這也讓人想到波羅的海琥珀在英國對印度的經濟剝削中所扮演的角色。

殖民地商品的琥珀珠

琥珀珠身為全球商品的歷史，不能不提現代歷史中的琥珀。全球商品歷史則無法與全球化的歷史和殖民剝削的不公正脫鉤。歐洲文獻提及琥珀珠的全球市場時，通常使用帶有歐洲文化優越性的詞彙來描述。例如，哈肯（C. W. Haken）於一七七一年抵達施托爾普擔任牧師時，當地人送給他一塊琥珀棋盤。這個禮物直接引介了該城鎮的琥珀產業。在漫長的歷史進程中，它克服了許多問題，但現在又面臨了新的挑戰。哈肯擔心……

琥珀的價值取決於奢侈的程度，而這一點主要在於沒有品味的國家的奢侈程度；因為大多數（琥珀）製品都會用上大大小小、清澈與混濁的珠子，其中不到一半留在歐洲，其餘則流向黎凡特、中國南部、埃及與非洲，以及最近的美國，即琥珀獲得正式名稱的地方。[79]

對哈肯來說，琥珀的「黃金時代」已經結束，因為在他和許多同時代的人看來，琥珀開始在那些不如自己文明的民族中流行。其他記述也反映出這種情緒。大約在一個世紀後，可以讀到「琥珀在歐洲很少用作裝飾品」的說法，但那些「廉價玩意兒」在土耳其、埃及、波斯、印度與中東繼續受到珍視，在那裡「刻面琥珀或單純用琥珀珠做成的手環與項鍊」用來「裝飾他們的煙斗、手臂、馬鞍與馬的轡繩。」[80] 即使在今天，多數西方作家還是寧願哀嘆波羅的海琥珀在其傳統中心地帶的市場衰退，而不是讚揚它在中國這個現今全球最大琥珀消費國的崛起。

在當代關於琥珀原料與琥珀珠銷往非洲的討論中，歐洲作者的偏見特別明顯。有充分證據顯示，在前殖民時期與殖民時期，波羅的海琥珀都在法國人、葡萄牙人、荷蘭人與英國人的支持下，銷售到非洲西海岸。西非北部介於北方塞內加爾河（Senegal River）與南方甘比亞河（Gambia River）之間的地區是重要的鐵礦來源，當地出產的鐵塊是早期歐洲商人之間的貨幣。在十八世紀早期，大約半公斤琥珀可以兌換八個鐵塊，而到了一七二八年，已經掉到六公斤琥珀兌換半個鐵塊，這一方面顯示琥珀的購買力大幅下降，另一方面，鑑於購買同樣的商品需要將近兩百倍的琥珀，琥珀的數量肯定顯著上升。[81]

在十八世紀上半葉，使用的琥珀似乎大體上是粗糙的，而且是大塊而非小塊。這個情形讓德國北部以加工琥珀聞名的小鎮呂貝克抱怨連連。一七四四年，專擅於琥珀珠的琥珀工匠抱怨自己失去了可用的材料。被投訴的商人反駁說，他供應給「東印度和西印度」的琥珀種類在歐洲被認為無法加工，不過作為與非洲貿易的商品，「價值堪比黃金」。[82]

儘管還需要更多研究加以證實，琥珀似乎是前殖民時期塞內甘比亞地區最昂貴的交易物品。在該地區旅行的歐洲人被建議使用琥珀付款。這包括人口買賣。在一七二四年一次沿著塞內加爾河的貿易探險中，琥珀（大型與中型的琥珀塊，以及琥珀色的刻面玻璃珠）被用來支付樹膠、牛隻、獸皮與「俘虜」的一部分款項。英國皇家非洲公司的文件顯示，在一七四〇年代，每名奴隸大約可以交換六十四公斤的貨物，其中大約有十二公斤為珠子，而且許多是琥珀珠。[83]琥珀在奴隸貿易扮演的角色才剛開始受到討論。紐約的非洲墓地曾挖掘出一座一七三五年左右的女性墓葬，這引起了廣泛的關注。這名女子的腰上掛著一串珠子，而該腰帶繫在衣服裡面，從外面看不見，由七十顆玻璃珠、七個寶螺與一顆刻面琥珀珠構成。另外，該女性的牙齒顯示其出生於西非，因此她很有可能是被強行帶走的。在巴西與加勒比海地區關於奴隸貿易的地點亦有類似的腰帶出土，這讓人推測這條腰帶與她一起橫跨了大西洋。[84]新的考古證據與被忽略的文本證據顯示，我們不但必須認知到波羅的海琥珀是歐亞／亞歐商品流動的重要組成，而且琥珀還在跨大西洋三角貿易的不平衡與不公正，以及當代歐洲人的殖民願景中起了作用。

非洲的琥珀

在非洲，就如在西亞、近東與中東一樣，歐洲旅行者喜歡帶琥珀，因為琥珀的碎片很小，可以藏在身上或袋子裡。琥珀用作非貨幣交換也有悠久的歷史。例如，十八世紀初在最高級別上，英國政府曾用琥珀「交換摩洛哥皇帝領土內的英國俘虜」。[85] 在陸地旅行時，隨身攜帶琥珀的歐洲旅者免於支付當地關稅，且無須兌換貨幣（可直接使用琥珀做支付）。蘇格蘭探險家蒙戈・帕克（Mungo Park）就用琥珀支付日常交易。一串琥珀可以買到四十日份的米糧。他也用琥珀獲取新聞、醫療、埋葬與搬運工。事實上，一直到最近，大顆琥珀珠在蘇丹仍用作交易工具，而在二十世紀中期的德國，琥珀仍稱為Negerkorallen，這個字直譯為「黑人珠子」。[86]

歐洲文獻鮮少提及為什麼對琥珀有這樣的需求，以及琥珀後來的用途。一七九五年，帕克在邦都（Bondu）看到琥珀時，是在統治者妻妾的髮上看見。[87] 法國奴隸商人西奧多・卡諾（Théodore Canot）提到在一八二〇與一八三〇年代都有類似的用途。他在廷博（Timbo）看到的供品中有琥珀串，也在富拉尼（Fulani）婦女的髮上看到琥珀。[88] 富拉尼婦女至今仍然會將琥珀編進她們的辮子裡（圖69）。

東非琥珀的相關紀錄較少，儘管旅者確實曾在現在的蘇丹與查德，即當時的努比亞（Nubia）、達佛（Darfur）與瓦達伊（Wadai）等王國看到過琥珀。一位作者寫道，努比亞人偏愛透明的琥珀，

〔圖 69〕穿著傳統髮飾的富拉尼女孩，西非布吉納法索。

瓦達伊西部與達佛西部則喜歡奶黃色的琥珀。[89]這些差異反映出琥珀透過不同貿易路徑抵達這些地區。來自北方的珠子可能首先在開羅加工，這些珠子可能是穆斯林商人的商品。

現存物品證明，琥珀在非洲之角也很常見。在哈勒爾地區（Harer，今索馬利亞），結合銀飾的琥珀項鍊是伊斯蘭婦女嫁妝的一部分。琥珀亦可見於衣索比亞。沃伊札羅．特魯內什女王（Queen Woyzaro Terunesh）的項鍊上可以看到琥珀結合皮革的工藝。在英國軍隊對馬格達拉發動猛攻，將統治者特沃德羅斯二世（Emperor Tewodros II）的財產洗劫一空以後，這些文物就送往了維多利亞與亞伯特博物館（Victoria and Albert Museum）。近年來，衣索比亞也發現了自己的琥珀礦藏。[90]

沃伊札羅・特魯內什女王項鍊上精緻的珠子並不尋常。歐洲出口到非洲的珠子通常比歐洲消費的珠子大上許多。一八四一年，居住在獅子山（Sierra Leone）的一名英國婦女以典型的負面語言描述當地人佩戴「幾乎和母雞蛋一樣大的琥珀塊」。[91]波蘭詩人賈德維加・盧斯祖斯卡（Jadwiga Łuszczewska）在一八五八年描述旦澤琥珀商人與商店時，也使用了「塊」來描述接近自然狀態的琥珀珠。她看到這些項鍊已經可供銷售，「排列時最大塊的在中央，往末端逐漸變小」，她將這樣的項鍊貶為「奇形怪狀的重物所構成的巨大花綵」。商人告訴她，這樣的珠子是他的主要收入來源，是要運往非洲的商品。[92]

今天，琥珀珠在非洲大陸的許多地方繼續發揮著作用。然而，其中許多實際上是由耐用的酚醛樹脂製成，歐洲地區在第一與第二次世界大戰期間開發的電木為其中一種。這種「塑膠」珠子可以形塑、重塑與裝飾，通常只要使用鑽頭與燒熱的針即可，而真正的琥珀並無法承受這樣的加工方式。這些圖案與形狀通常專屬於特定文化，也洩漏出該材料是人造的琥珀替代品（圖70）。[93]

琥珀也在非洲僑民所在地發揮作用。古巴就延續著部分呼應西非習俗的作法。串珠項鍊是聖得利亞（Santería）宗教儀式的重要組成，聖得利亞是一種融合了約魯巴奧里莎神（Yoruba orisha）崇拜與西班牙天主教的信仰。獻給奧巴（Obba）、奧喬西（Ochosi）、奧春（Ochun）與奧塞恩（Osain）等奧里莎神的項鍊通常需要琥珀珠，儘管琥珀色的玻璃珠，甚至煤玉（Jet）有時也可以接受。[94]

〔圖 70〕經過雕刻、鑽孔與裝飾處理的酚醛樹脂串珠，
來自茅利塔尼亞（Mauritania）、馬利（Mali）與摩洛哥。

西西里的琥珀首飾

在十八與十九世紀，對出口到非洲的珠子大小和粗糙品質提出評論的歐洲人，是將這些珠子的尺寸與形狀和離家更近的產品進行比較。這個時代流傳下來的珠子與佩戴琥珀珠的肖像畫，比以前多了很多。北美洲代表一個新市場，而且這個市場隨著北美大陸殖民範圍擴大而增長。喬治・華盛頓（George Washington）的妻子瑪莎（Martha）最著名的遺物之一，就是她的琥珀項鍊。項鍊的珠子，若不是整條項鍊，必然是進口的，而且可能輾轉經過紐約。它由七十九顆刻面珠構成，長約六十公分，這意味著中央的珠子會剛好擦過她的緊身馬甲，如同湯瑪斯・勞倫斯（Thomas Lawrence）作品〈戴琥珀項鍊的年輕女士的肖像〉（Portrait of a Young Lady with an Amber Necklace, 1814）所示。

為歐洲與北美洲市場製作的第二種琥珀珠是光滑拋光的細長圓桶狀。這種珠子因為形狀關係而稱為「橄欖」，一直流行到二十世紀中期。由於這個關乎地中海的綽號，這些珠子的英文與法文名稱都與義大利西海岸港口利沃諾（Livorno）聯繫在一起，也許不令人意外，畢竟利沃諾港是義大利半島各地貨品必經的港口。對商業感興趣的外國作家聲稱，琥珀是義大利貿易量最大的產品之一。[95] 那裡可以找到的許多珠子可能來自西西里：西西里島有琥珀礦藏，當時已成為琥珀珠與琥珀球的重要產地；琥珀球會鑲嵌在金銀細絲上，製作成小擺件。卡塔尼亞鎮（Catania）尤其以首飾聞名。[96] 蘇格蘭人派翠克・布萊登（Patrick Brydone）於一七七〇年在島上度過夏季，在那裡看到琥珀「製成十字架、珠子、聖像等形狀」。[97] 西西里島的琥珀在遊客中非常有名，以至於埃特納火山（Mount Etna）旁的作坊與收藏都被一一標示出來。工匠也製作了「皇帝、皇后與（取自）西西里硬幣的古代神祇半身像」等經典紀念品，藉此回應人們對島上古老遺產的興趣。[98] 這是個蓬勃發展的產業，到了十九世紀初，島上開採的「琥珀數量」已不足以滿足內部需求，更不用說外部需求，因此有必要向外尋求琥珀原料，推測採購自波羅的海地區。[99]

復興

今日，世上最重要的一批西西里琥珀收藏位於美國的波士頓美術館（Museum for Fine Arts）。它是威廉・阿諾德・布法姆（William Arnold Buffum）在十九世紀末的收藏，他在西西里度假時偶然遇到一名帶著琥珀項鍊的女孩。布法姆對自己的收藏感到自豪，但他特別喜愛其中一組極其華美的珠寶，這可能是他委託義大利復古主義珠寶工匠福爾圖納托・皮奧・卡斯特拉尼（Fortunato Pio Castellani）製作的作品（圖71）。[100] 琥珀是十九世紀後期席捲歐洲復古珠寶時尚所採用的眾多材料之一。無論是羅馬的卡斯特拉尼或倫敦的約翰・布羅登（John Brogden），儘管琥珀也用於複製品，最好的作品仍為單獨設計且獨一無二者，例如近年來被視為愛爾蘭重大考古發現的塔拉胸針。[101]

雖然有些作品，例如卡斯特拉尼的作品，明顯是對歷史的致敬，但其他作品就不是那麼誠實

〔圖 71〕項圈、耳環與胸針組，考古復興風格，可能出自羅馬，
約 1880 年，材質為黃金與琥珀。

了。德國金匠萊因霍爾德・法斯特斯（Reinhold Vasters）會購買受損的琥珀文物，對它們進行「改造」，然後再出售。法斯特斯也會製作新作品，然後將它們做舊。他的技術高超，愚弄了許多博物館與收藏家。當他的設計被發現時，研究人員結合所有線索以精確找到現存的贗品。儘管如此，直到今日，相應特定設計製圖的作品仍然沒有被找到，包括許多琥珀在內。[102]目前收藏於維多利亞與亞伯特博物館的一件奇特琥珀刀柄，肯定出自法斯特斯之手。

琥珀把手

從羅馬時代起，人們就知道可以握住琥珀以冷卻手掌，讓手掌散發香氣。[103]綜觀歷史，一直都有音樂家與作曲家運用這兩種方式獲益。弗雷德里克・蕭邦（Frédéric Chopin）據說在演奏前會將琥珀放在指間把玩以放鬆手指，李奧納德・伯恩斯坦（Leonard Bernstein）會用琥珀指揮棒指揮，他的姓就是琥珀的意思。

從現代觀點來看，令人訝異之處也許是將琥珀做成餐具。琥珀柄的刀與帶刃武器有悠久的歷史。歐洲現存最早的例子可以追溯到羅馬時期，而在亞洲，琥珀手柄或握把鑲嵌琥珀的武器也可以回溯到差不多的時間，甚至更早。在近世歐洲，客人吃飯時要自備餐具，刀具通常放在特殊的裝飾套裡，懸掛在腰帶上（圖72）。用昂貴材料製成的精美把手通常可見於裝飾套上方，就像劍柄在劍

〔圖 72〕一對刻有「安娜米克思韋特，1638 年」（Anna Micklethwait Anno 1638）字樣的婚禮刀，材質為鋼、琥珀與象牙。

〔圖 73〕儀式彎刀，可能出自摩洛哥，19 世紀或 20 世紀早期，
材質為鋼、琥珀與珊瑚。

鞘之上。琥珀經常用來雕刻成手柄，以代表穿著時尚的紳士與仕女，尤其適合用於刀叉組，或是刻上名字與日期。在貴族的餐桌上，還有用於特殊餐具的琥珀手柄，用來分切與呈現精選的肉類。分切與裝盤通常由專門的僕役進行，這些刀叉是他們所使用的奢華工具，藉此彰顯主人的財富與人脈。

另一方面，琥珀也用於劍與匕首握把的製作。由於人們認為琥珀可以阻止血液流動，它成了打鬥刀具的合適選擇，這當然也是它用於猶太教割禮刀的緣故。如今，蘇格蘭短刀（Sgian Dubh）的劍柄圓球也常用琥珀色玻璃製作，這種短刀傳統上在穿戴時會藏在襪子裡。在阿拉伯半島、北非與印度等地，仍然可以看到琥珀的使用，儘管是以壓製琥珀和仿製琥珀的形式呈現；琥珀在那裡用來製成儀式彎刀（Jambiya）的刀柄，男性通常會將這種匕首塞在腰帶裡（圖73）。

如今，蘇格蘭短刀與儀式彎刀與其說是實用的武器，不如說是配件，琥珀在這些刀具上的運用，可以追溯到十八世紀早期採用琥珀製作禮儀用劍的劍柄和劍柄圓球的時代。劍通常是男性服裝的重要組成，它們的握把則是時尚的自我表達，或是彰顯地位與財富的機會。如同劍一般，手杖成為紳士日常穿著的重要組成，琥珀也毫不意外地被用來製作手杖柄，以及女士的陽傘柄。[104]儘管手杖的使用僅限於具有一定地位的人，這種用法的範圍比之前的劍還要廣泛，引發了一些出人意料的見解。一七〇八年，一名男子寫信給英國皇家學會，講述了他在家裡的一次奇怪經歷。他的琥珀手柄發出霹啪聲和火花。[105]這種霹啪聲來自摩擦起電效應，即材料藉由摩擦而帶電，就如用塑膠梳子梳頭髮時發生的情況。摩擦起電效應是琥珀在摩擦和吸引光粒子時具有「磁性」的原因。這種「能量」最初是在琥珀上觀察到，因此以希臘文的「ἤλεκτρον」（電子）一詞用來描述，今日英文中「eletricity」（電）這個名詞就由此而來。[106]琥珀的「磁性」成了強有力的隱喻。一七一一年，英國軍人兼殖民地官員法蘭西斯．尼科爾森（Francis Nicholson）中將在紐約會見了五部落聯盟的一位代表，並贈與一根琥珀頭的手杖「以作為個人紀念，也象徵如你所言，當溫暖是具有吸引力的力量，他和他們的愛應是溫暖且有吸引力的，能夠吸引彼此。」[107]

對這位不知名的酋長來說，這個琥珀手柄必然是令人驚奇的。早在歐洲人抵達之前，北美原住民早就在使用琥珀了。大約一萬一千年前，部分美洲最早的居民使用琥珀黏合劑將石頭矛尖固定在矛柄上，因紐特人的圖勒祖先會將當地的琥珀製成珠子。許多早期歐洲殖民者在卡羅萊納州（Carolinas）等地看到了琥珀，並以文字記錄下來。然而，與波羅的海琥珀產地相比，這些礦床很小，發現的琥珀塊也不大。正如在非洲與印度一樣，歐洲人利用波羅的海琥珀為自己尋求優勢。然而在美洲，尚且沒有考古紀錄證明美洲原住民曾被這種黃色的石頭所迷惑。

不只是首飾

幾個世紀以來，琥珀配飾並不僅僅是首飾而已。本章涵蓋了各式各樣的用途，如染色與替手套增添香氣、祈禱輔助、友誼的象徵與致命的武器。琥珀著實是一種全球性商品，它以原礦或簡單加工的琥珀珠形式出售，用途廣泛，讓消費者能以各地所屬的獨特方式與之接觸。

本章討論的所有配件中，只有首飾與香水仍在流行。如果今天有人想要用琥珀當成身體香氛或居家香氛，這種「金色的石頭」仍然是常用成分。琥珀小擺件也有重返流行的趨勢，例如旅行鐘、桌鐘、小首飾盒、裝飾品、相框、藝術版材、宗教聖像與冰箱磁鐵等。相較於其他珍貴材料，琥珀為服飾業帶來的刺激就不是那麼大。金銀啟發了金蔥面料與亮面的使用，鑽石衍生出水鑽，琥珀則沒有帶來類似的啟發。儘管如此，琥珀特有的顏色與透明度仍然引發了創造性的回應。二〇一九年，義大利精品內衣製造商 La Perla 推出「琥珀」系列，服飾以芥末黃色調與半透明為特色。也許下一個復興事件會是用琥珀製作鏡片，這在十八世紀的德國很流行，在十九世紀的中國也有這樣的作法。琥珀色鏡片可以阻擋筆記型電腦與智慧型手機螢幕發出的藍光，這種藍光也可能與使用者失眠有關。[108]眼鏡可能成為可穿戴琥珀的未來嗎？

第七章

藝術的琥珀

長久以來，琥珀一直用來製作美麗的藝術品。它自然形成各種顏色與不同大小，並沒有固定的形狀。也就是說，琥珀並不像其他寶石，它沒有可檢測到的晶體結構，因此工匠無須局限於緊密的內部原子排列，將琥珀製作成預設的形式。此特性也使得琥珀裂開時的斷面並不是乾淨俐落，裂縫有獨特的內彎曲表面，在寶石學稱為貝殼狀斷口。琥珀的外觀可以改變與「改善」。幾世紀以來，琥珀經過澄清、染色、烤色等不同加工方式，創造出不同的視覺效果。在老普林尼的時代，人們用朱草（herb alkanet）將琥珀染成紅色，那時紅色比黃色更受歡迎，甚至還有紫色琥珀。[1]如今，琥珀的顏色（尤其是綠色）是將琥珀置於高壓釜內加熱以進行最佳化。現在最常見的「改進」也許是加入小型的反射環片，一般稱為「金陽環」（Sun Spangles，圖74），是藉由加熱處理達成。儘管每一塊琥珀本身都是獨一無二，世界各地一代代的工匠不斷在尋找改善琥珀自然狀態的方法。前一章討論的是琥珀如何加工做成配件，這些配件主要是戴在身上和拿在手裡。本章琢磨的是琥珀如何轉變為獨立的物品，其中一些甚至可能被視

〔圖 74〕鑲嵌在銀手鐲的凸圓形波羅的海琥珀，內有狀似睡蓮漂浮葉的金陽環。
湯瑪斯皮桑科藝術中心（ArtSzok Tomasz Pisanko）提供。

為藝術品。這些琥珀在三維空間中加工、安裝、儲存在有襯裏的盒子，並展示於玻璃櫃中。運用琥珀掌控空間與注意力，本就有悠久的傳統。

中世紀晚期歐洲的琥珀雕刻品

在一二二〇年代，稱為條頓騎士團的宗教暨軍事教團被邀請到波羅的海地區推展基督教，其征服了普魯士，在馬林堡（Marienburg，今波蘭馬爾堡）建立軍事堡壘作為指揮中心。琥珀成了條頓騎士團力量的象徵，只有該騎士團能不受限制地取得大量琥珀。在條頓騎士團統治該地區的時期，歐洲各地貴族的收藏出現了愈來愈多的加工琥珀。由此可見，這些材料和由它製成的物品，在外交與國際層面具有權宜性的運用。騎士團在與亞維農（Avignon）教廷的教宗或法蘭西國王查理五世（Charles V）接觸時，都會送去琥珀。這位法蘭西國王確實擁有許多琥珀物件，尤其是一件聽來令人印象深刻的耶穌受難像，它包含一個法瑯製的各各他（Golgotha），上面有一個煤玉十字架與琥珀雕刻成的基督像。[2]

儘管查理五世這件收藏的原始材料肯定來自普魯士，但這件作品很可能是在巴黎加工製作的。亞歷山大·納肯（Alexander Neckam）在《論工具名稱》（*De nominibus utensilium*，約一一九〇年）曾提到，巴黎金匠加工「金色石頭」的技術高超。琺瑯也是巴黎的特色。這些證據顯示，查理五世的受難像與其他被保存下來的聖像都是在那裡製作，如果不是那裡，也是出自熟知當時法國風格與技術的工匠之手（圖75）。已知第一位直接為騎士團服務的琥珀雕刻師可追溯到一三九九年。歷史學家不知道他來自何處，或是曾在哪裡受訓，但他們知道這位名叫約翰（Johann）的工匠創作的不只是念珠與念珠吊墜。據載，他的一些作品用於騎士團大團長的私人禮拜堂，但其他作品可能被送往南方，如布根地公爵（Duke of Burgundy）的雕刻琥珀佩章並沒有注明收件人，也許是交到菲利普二世（Philip the Bold）本人手中。

布根地公爵菲利普並沒有因為他的琥珀而蒙受騎士團的人情。他從離家較近的布魯日購得琥珀製耶穌受難像、雕刻動物、小雕像、碗、盒子、吊墜與念珠，那兒還有一個由條頓騎士團供應材料的成熟琥珀加工業。菲利普的帳簿上有好幾條購買此類物件的帳目，可能是作為禮物，他也一定曾將琥珀當成禮物送給自己的兄弟，即貝里公爵（Dukes of Berry）與波旁公爵（Dukes of Bourbon）。

貝里公爵擁有令人印象深刻的珍貴物件。其中一件作品中，聖母瑪利亞與聖嬰耶穌的琥珀雕像兩旁是兩位金色琺瑯天使，它們供奉在一座刺鼻的麝香小丘上。這是他擁有的四件聖母聖嬰像之一，其餘還有一件耶穌受鞭刑的琥珀雕像、一枚戒指、一只高腳杯、描繪宗教主題的牌匾、肖像與法蘭西皇家佩章，還有琥珀珠與許多天然石材。[3]

這個時期只有少數物件留存至今，但沒有一件像這些庫存目錄描述地那樣奢華。最著名的是來自呂訥堡（Lüneburg）本篤會修道院（Benedictine Abbey）的聖母瑪利亞雕像。它是十五世紀剛開始幾十年

〔圖 75〕做成胸飾的雕刻基督人像，可能出自布魯日或柯尼斯堡，1380 至 1400 年，材質為琥珀、銀鍍金與琺瑯。

建造的聖髑神龕中，展示的近九十件物品之一。藝術史學家根據這件作品風格與其他藝術作品的關係，以及參考其他保存紀錄較佳的琥珀進而確認這件作品的時間。現在，布拉提斯拉瓦（Bratislava）有另一件類似的聖凱瑟琳像，它最初屬於蘇菲公主（Sophie of Bavaria），即瓦茲拉夫四世波希米亞國王（Wenceslas IV of Bohemia）的王后（圖76）。這件聖凱瑟琳像是蘇菲去世後記錄下來的三座此類雕像之一，也代表它們的製作時間必然早於一四二八年。[4]英國國王理查二世（Richard II）在一四〇〇年去世時擁有一件類似的雕像，表示它

〔圖76〕來自波希米亞蘇菲女王莊園的枝形吊燈，上有聖凱瑟琳的雕像，可能出自柯尼斯堡或馬林堡，約1400年，材質為琥珀、海象象牙與銀鍍金。

們都是在世紀之交之前所製作。[5]理查二世收藏的雕像是用黃金鑲嵌，而且腳上刻有虔誠的祈求。這段文字與現存聖凱瑟琳像底座的文字緊密呼應，讓人不禁想問，兩件作品是否出自同一位工匠之手。蘇菲公主曾在一三九九年拜訪過普魯士。因此我們當然可以相信，這位工匠就是前面提到的約翰。

聖像

耶穌基督、聖母瑪利亞與聖徒的琥珀雕像在歐洲各地的私人禮拜堂、大教堂珍藏室、宗教殿堂與王室收藏都有紀錄。新的聖徒增添到宗教正典時，他們的琥珀聖像也隨之加入，這意味著後期出現的小雕像也包括依納爵．羅耀拉（Ignatius of Loyola）這類人物。然而，由於琥珀非常容易受到大氣條件變化的影響，儘管琥珀製品數量龐大，也只有少部分存留下來。在研究歷史上的琥珀藝術品時，研究人員非常倚賴書面紀錄與庫存清單。值得慶幸的是，那些最大、最精彩的物件引起了人們的注意與評論。巴伐利亞統治者捐給羅馬勝利聖母教堂（Church of Santa Maria della Vittoria）的聖母瑪利亞雕像的故事則保留在稍晚的一則旅行紀錄中，只是這件雕像現已佚失。[6]部分原始資料來源也顯示，十二使徒的雕像很受歡迎，儘管目前只有一組完整保存下來。[7]琥珀的脆弱性意味雕件組注定會支離破碎。儘管如此，個別雕像仍有吸引力。埃克塞特侯爵（Earl of Exeter）在一七〇〇年禧年慶典造訪羅馬時，就採購了兩組琥珀雕像，至今仍保存在英格蘭林肯郡（Lincolnshire）的伯利莊園（Burghley House）。事實上，這些雕像組之所以吸引力十足，部分原因在於它們的彈性。這些人物雕像可以隨意排列在祭壇上裝飾品的周圍，也可以單獨欣賞。這一點讓它們與實際配置在祭壇上的使徒雕像有所區別，例如利奧波德一世（Emperor Leopold I）的收藏（圖77）。[8]這座兩公尺高的作品需要的琥珀數量必然相當驚人，據信是為了紀念一場在一六四〇年代舉辦的婚禮而打造。後來腓特烈二世（Frederick the Great）曾想再打造一件一公尺高的祭壇裝飾品，最終仍因成本高昂而受挫。[9]在旦澤，大型琥珀製品的價格可能高達一間房屋年租金的六十倍，更不用說它們的運輸費用與長途顛簸後的必要維修費用了。

西藏的琥珀

聖徒雕像並非歐洲特有的傳統。這些物件在歐洲雕刻與收集時，琥珀同樣也製作成人物，供亞洲客戶使用。十七世紀晚期，尚－巴蒂斯特．塔維尼埃（Jean-Baptiste Tavernier）記錄了一件關於在印度遇到一群亞美尼亞商人的軼事。這些亞美尼亞人從旦澤旅行至不丹。在旦澤，「他們用黃色琥珀製作大量代表各種動物與怪物的雕像，預計將這些雕像帶給不丹國王，用於佛塔的偶像崇拜。」不丹國王已經：

〔圖 77〕祭壇裝飾，歐洲東北部，約 1640/1645 年，
材質為琥珀、金屬、蠟與木材。

> 命令他們製作一件怪物雕像，怪物有六個角、四隻耳朵與四條手臂，每隻手上有六隻手指，全用黃琥珀製作。然而，他們沒能找到夠大的琥珀塊製作這件作品。[10]

在塔維尼埃的時期，不丹位於現在的西藏中部。三個世紀前，馬可波羅曾指出，藏人願意高價購買琥珀，以「掛在女人與偶像的脖子上，藉以象徵巨大的喜悅。」[11]盧多維哥．德．維爾特馬（Lodovico de Varthema）在十五世紀晚期寫道，琥珀也用在國王與祭司喪禮的火葬柴堆。塔維尼埃聽說，一公克（四分之一茶匙）琥珀在西藏的價值是鄰近國家的六百倍，這顯然值得商人長途跋涉，委託製作不尋常的定製物品以滿足其統治者。

塔維尼埃描述的雕像並沒有流傳下來，但在中國，用琥珀製作佛教雕像自第一個千禧年結束以來就已確立，重要寺廟藏寶庫的現存雕塑作品可以證實這一點。慶州白塔寺的琥珀觀音（觀音是代表慈悲的菩薩）可能是這位廣受崇敬的神靈最古老的琥珀雕像。許多十七與十八世紀的觀音雕像也保存在博物館與私人收藏中，其他佛教雕塑如長耳朵的坐佛像、羅漢與鬃毛濃密的獅子像等亦然。按傳統與神話製作的人物雕像也有，例如道教神仙的雕像，其所使用的深櫻桃紅色琥珀顯示原料來自緬甸。然而，這也可能是一個跡象，顯示目前拍賣網站的許多雕像都是近期製作，因為將這些物件加總起來，數量明顯高過同時期倖存的基督教雕像。

相形之下，西藏的琥珀通常為黃色。從歷史來看，波羅的海可能是這些琥珀的來源。如今，模

〔圖 78〕中國四川省竹慶鎮，藏族康巴婦女戴著傳統的琥珀與紅珊瑚髮飾。

仿蜂蜜黃色的合成塑膠比真正的琥珀更常見（圖78）。由於琥珀是黃色的，被認為與寶生佛有關。藏珠以標準的圖樣和數字，結合其他在顏色上具有象徵意義的材料，如瑪瑙、珊瑚與綠松石等，傳達關於佩戴者的職業與婚姻狀況或出生地等資訊。琥珀項鍊用來裝飾宗教雕像，而琥珀也是喇嘛念珠的重要組成，同時亦是一種有效的藥物。[12]

虔誠與褻瀆的琥珀

在歐洲，小型聖像的製作只用於私人崇拜，儘管實際上許多聖像都捐贈給神龕與教堂，或是成為藝術收藏的一部分。財產清單也顯示，許多聖像與祭壇裝飾品結合，要麼鑲嵌在祭壇結構上，要麼放在祭壇附近或與祭壇相關的地方展示。琥珀祭壇裝飾品可見於許多歷史悠久的歐洲收藏，特別是皇室與最高貴族的收藏品。很少有像前面所提利奧波德一世收藏作品這般大的尺寸，也很少有像維多利亞與亞伯特博物館那件帶有萬年曆的琥珀製祭壇裝飾那麼複雜的。[13] 其中有許多單純就是底座或琥珀塊上的耶穌受難像，讓人想起各各他的岩石山頂。還有一些是微型的教堂祭壇，類似於乾隆皇帝時期製作的微型琥珀浮圖，如大都會藝術博物館（Metropolitan Museum of Art）的罕見收藏。

已知最早用琥珀製作祭壇裝飾的紀錄，可以追溯到一五七〇年代。在這個時期，隨著大團長改信新教，條頓騎士團已經失去對普魯士的控制。正如普魯士統治者一直以來的作為，在接受路德派後成為普魯士公爵的霍亨索倫的阿爾布雷希特（Albrecht of Hohenzollern），也委託他人用琥珀製作作品。起初，他必須在旦澤下訂單，那裡自一四八〇年以來就有一個琥珀工匠行會。[14] 長久以來，在騎士團領土範圍內，禁止私人擁有琥珀與琥珀加工，而阿爾布雷希特也沒有宮廷琥珀雕刻師。已知的第一位雕刻師史坦澤爾・施密特（Stenzel Schmidt）於一五六三年六月指派負責「無論大小的所有雕刻工作」。[15]

阿爾布雷希特還把琥珀的使用權租給賈斯基家族。用阿爾布雷希特一位密友的話來說，這個人脈廣泛的商人家族幫他敲開了通往「義大利、法國、西班牙、土耳其與異教徒土地」的市場大門。[16] 據說，賈斯基家族率先提出一個想法，認為傳統上用於製作琥珀珠或所謂車工用石，也可以用於「其他別緻的物品，例如湯匙與小型鹽罐。[17] 該地區的教皇大使喬瓦尼・法蘭西斯柯・康門多內（Giovanni

Francesco Commendone）對此大感震驚，對他來說，路德教派傳入北歐反映出對傳統的拋棄：

> 他們已經不再製作虔誠信徒曾高價購買的耶穌基督與聖徒聖像。他們不再大量製作婦女過去曾用來祈禱與裝飾的（玫瑰）念珠，琥珀原本是同時表現出奢侈與虔誠的材料。

根據康門多內的說法，當時的旦澤約有四十位琥珀師，

> 他們不再將這種珍貴的材料用於褻瀆以外的用途；他們只會把琥珀用來製作西洋棋的棋子、湯匙、各式各樣的小花瓶與鳥籠，這些物品儘管漂亮，卻因為其脆弱性而沒有實際用途。[18]

康門多內抱怨的物品類別確實存在。例如，阿爾布雷希特公爵曾將琥珀湯匙送給著名新教改革者馬丁．路德（Martin Luther）與菲利普．墨蘭頓。路德為腎結石所苦，他和其他許多人向阿爾布雷希特討要琥珀，用於治療。使用琥珀湯匙可能是一種優雅的方式，既能享受琥珀帶來的健康益處，又能突顯出與普魯士公爵之間的聯繫。[19]普魯士是第一個改信新教的地區。由於阿爾布雷希特大力推廣普魯士人對琥珀的認同，加上送給宗教改革運動領袖的禮物，這種材料也與路德教派產生

了連結。[20]

儘管如此，琥珀湯匙顯然也不實用。許多庫存紀錄都有壞掉的琥珀湯匙。漫畫作者嘲笑那些使用琥珀湯匙的人：班．強生（Ben Jonson）《煉金士》（*The Alchemist*, 1610）中，象徵容易受騙、貪婪與邪惡的反派艾皮克．馬蒙爵士（Sir Epicure Mammon），就因為夢想有一天可以有錢到能擁有「鑲有鑽石與紅玉的琥珀湯匙」而受到嘲笑。這種使用本質上不適合的材料來製作炫富物的作法，正是讓它們成為統治者與皇室禮品的原因：很少有琥珀餐具會被拿來使用，大多可能僅供展示。在倫敦，丹麥的安娜（Anna of Denmark）有四套，可能是來自當時普魯士公爵與女爵的禮物，紀錄顯示他們曾特別為製作湯匙選擇琥珀原料。該文件並沒有詳細記載，但是琥珀塊必須大到能夠做成淺碗。至少有一份十六世紀的資料解釋說，如果要製作高腳杯，得使用像人頭一樣大的琥珀塊。

現存的琥珀高腳杯、盤子、餐具、臉盆與水罐都是琥珀的創新用途，但是就風格而言，它們採用的就是上流社會餐飲中銀器與玻璃器皿已經確立的流行形式，而高腳杯是這當中數量最多的。現存最早的可靠紀錄可追溯到一五八七年義大利帕爾馬公國（Duchy of Parma）繼承人的財產紀錄。[21]這件高腳杯鑲嵌有聖經故事圖像、福音書作者的肖像，以及他們的象徵動物。雖然看似可能有宗教功能，但這件高腳杯並沒有金色或鍍金的杯體，因此不能用於彌撒。其他現存的高腳杯上則有統治者的肖像與紋章。總之，這些高腳杯顯示，無論出自何人之手，這些工匠都掌握了標準的形式，然後將這些形式用於定製，這些物品是因其美麗與技術而非實際功能受到欣賞。有些物件製作得相當浮華。巴伐利亞公爵的一只高腳杯上，鑲嵌著以玻璃澆鑄工藝仿造的祖母綠與紅寶石。[22]一方面，這種處理材料的手法與中國人的欣賞方式非常相似。現存的明清琥珀酒杯與祭奠杯也是由一整塊琥珀雕鑿而成，其形式明顯呼應著玉器的形式。另一方面，歐洲與中國的處理手法相當不同，中國的琥珀器皿，無論是杯子、筆洗或是筆架等用品，都是純粹用琥珀來製作，避免引介其他材料。中國工匠所受的訓練，是要透過密切觀察原料的品質、色調與紋理，透過巧妙的形式運用來創造視覺趣味。

信件顯示，歐洲宮廷的一些高腳杯肯定是來自普魯士的禮物。法蘭西王后於一五九二年去世時擁有的「琥珀杯體酒器」，就是來自當時的普魯士女爵。[23]該人可能是瑪麗・埃莉諾（Marie Eleonore），即阿爾布雷希特・腓特烈（Albrecht Friedrich）公爵的配偶，或是代理阿爾布雷希特・腓特烈執政的蓋歐克・腓特烈的妻子蘇菲亞。女爵也是阿爾布雷希特・腓特烈女兒們的頭銜。他的四女兒埃莉諾會尋找琥珀作為禮物。埃莉諾的禮物不一定是特別定製。有時，「短時間內能取得的最佳物件」便已足夠。[24]至於蘇菲亞，則被認為是一組十八件琥珀銀盤的主人，這套盤子上載有她的首字母縮寫與日期一五八五年（圖79）。[25]它們是現存少數托盤與食盆中的第一批，製作時使用的琥珀與金屬幾乎一樣多，是跨領域合作的成果。蘇菲亞的盤子上印有安德烈亞斯・尼菲爾（Andreas Kniffel）的標記，尼菲爾是柯尼斯堡的宮廷銀匠。車工製作圓盤可能是由史坦澤爾・施密特負責。在阿爾布雷希特去世後，施密特繼續為宮廷服務，直到漢斯・克林根貝格（Hans Klingenberger）接

〔圖 79〕兩只盤子（一套十八只），飾有布蘭登堡與呂訥堡的紋章，以及「Sophia Markgräfin zu Brandenburg geborne Hertzoginn zu Braunschweig und Lüneburg」（布蘭登堡的蘇菲亞藩侯，生為布倫瑞克暨呂訥堡公爵夫人）的首字母，柯尼斯堡，1585 年，材質為銀、銀鍍金和琥珀。

任為止。漢斯的技能之廣，接受從首飾盒到馬鞭柄等各種物件的委託製作。他的工作量之大，有時不得不與其他人合作。[26]

琥珀製作的遊戲

棋盤遊戲的製作可能是讓克林根貝格如此忙碌的原因。由於波羅的海琥珀呈淡紅色或淡黃色，有清澈、有混濁，非常適合用於製作對比鮮明的棋子。羅馬人與維京人曾用琥珀作為計數器與骰子，但用琥珀包覆的棋盤則是近期的發明。已知最早的例子是阿爾布雷希特公爵的妻子多蘿西婭（Dorothea）委託但澤的琥珀工匠為她的兄長克里斯汀三世（Christian III of Denmark）所製作。[27]

〔圖 80〕遊戲棋盤，柯尼斯堡，約 1608 至 1647 年，
材質為琥珀、象牙、木材與金屬。

製作棋盤與車工製作湯匙、高腳杯或盤子有很大的不同。製作棋盤表面時，工匠必須能夠鋸出相同大小的琥珀薄片（圖80）。工匠的巧手是最終作品成功的關鍵，這可以在現存的棋盤上觀察到。琥珀薄片的背後上漆。底部覆上金屬箔時，設計圖樣刻意透過琥珀片呈現。在現存最古老的一塊棋盤上，這種效果用來呈現擁有者即是黑森－卡塞爾伯國莫里茲伯爵（Landgrave Moritz of Hesse-Kassel）的紋章與日期。莫里茲曾擁有的另一塊棋盤有花格裝飾。它使用相同的技術，有簽名與日期「HK 1611」，也就是漢斯・克林根貝格（Hans Klingenberg, 1611）。[28]

康門多內樞機主教特別反對沒有教育目的之物品，棋盤則介於兩者之間。這塊花格棋盤裝飾有取自普布里烏斯・西魯斯

（Publilius Syrus）編纂之《格言集》（*Sententiae*）的句子。這些格言強調遊戲與現實生活的相關性。然而，可以肯定的是，如果康門多內知道他所憎惡的許多輕佻之舉，在信奉羅馬天主教的義大利與信奉新教的北方一樣受人推崇，他一定會非常失望。曼托瓦公爵的收藏裡，就有一件被他嚴詞批評的「千種花瓶」的早期範例。根據庫存目錄，這些花瓶成甕形或八邊形，有些甚至鑲金，並有奢華的寶石裝飾。德勒斯登與慕尼黑的琥珀鳥籠，與佛羅倫斯的一件範例作品相似，為梅迪奇大公的收藏。[29]

佛羅倫斯的琥珀

一五八七年十月，法蘭西斯柯大公（Grand Duke Francesco）去世，促使人們對他的財產進行全面評估，包括他的收藏在內。此番評估製成的文件顯示，琥珀在他宮廷生活中的許多情境裡都很常見。[30]其中最龐大的收藏室是目前位於烏菲茲美術館（Uffizi）中心，一間名為講壇廳（Tribuna）的八角形大廳。人們在這裡可以看到琥珀鳥籠，旁邊是琥珀杯與被琥珀包裹的蜥蜴標本，藏品或置於展示架上方，或垂掛架上，或放在與眼同高、沿著大廳設置的抽屜裡。[31]

儘管如此，對琥珀最鍾愛的其實是佛羅倫斯的諸位女大公。奧地利的瑪麗亞．瑪格達列娜（Archduchess Maria Maddalena of Austria），即托斯卡尼大公夫人是非常虔誠的教徒，她收藏了大量具有宗教意義的琥珀作品，保留在私人禮拜堂裡。這些琥珀作品呈現的效果必然是驚人的，尤其是在點上火焰閃爍的蠟燭、也許還放在琥珀燭臺上的時候。想討好瑪麗亞．瑪格達列娜的人，很會迎合她的喜好。菲利普．海恩霍夫建議他的主顧波美拉尼亞－斯泰丁公爵（duke of Pomerania-Stettin）將琥珀當作禮物。旦澤的一個熟人向海恩霍夫提供了一件琥珀製的耶穌受難像，他認為可以加上聖杯、碗、聖體盤與燭臺，做成一套祭壇裝飾，價格相當合理。他向瑪麗亞．瑪格達列娜提出這個想法，她原本很感興趣，但當她聽說她的妹妹，即波蘭立陶宛統治者的妻子，已經得到一件琥珀製耶穌受難像和祭壇物品時，她完全改變了心意。[32]由此可知，琥珀藝術品是貴族兄弟姐妹之間競爭的領域。

儘管許多精彩的作品現在都因為時間的摧殘而佚失，在佛羅倫斯被保留下來的藏品仍是歐洲最精美的收藏之一。[33]這個收藏非常獨特完整，以至於琥珀藝術與個人實踐的發展都可以在這裡找到軌跡。幾件簽名並標注日期的作品，顯示波羅的海工匠能迅速吸收來自遙遠地區的風格。同一位柯尼斯堡的工匠蓋歐克．施萊伯（Georg Schreiber），在相隔五年的時間製作了兩件祭壇裝飾。[34]第一件表現出當地北方藝術與建築的影響，特別是教堂家具，但第二件顯然受到羅馬聖彼得大教堂新外觀的啟發（圖81、82）。格奧爾格．施萊伯必然曾看過這座大教堂的圖片，而且實際上，許多琥珀作品都直接複製或參照版畫製作。這些也可以是確認年代的有用工具，儘管它們的使用、重複使用、複製與重印肯定會讓確認年代的工作變得更複雜。

〔圖 81、82〕小型琥珀祭壇裝飾，按紀錄屬於奧地利的瑪麗亞．瑪格達列娜，
即托斯卡尼大公夫人私人禮拜堂的作品，出自柯尼斯堡工匠蓋歐克．施萊伯之手，
製作時間分別為 1614 與 1619 年。

想要確認物件的年代，製作技術是比較可靠的方法。在十七世紀早期，琥珀祭壇裝飾是由連體面板所組成的複雜結構。這種作法將琥珀的半透明性發揮到極致，但嚴重限制了它們的尺寸。當木製底部構造運用在祭壇裝飾的製作時，祭壇裝飾開始變大。工匠運用一種如今稱為「包殼」的技術，將琥珀直接黏在木板上。這意味著光線不再穿透琥珀，工匠用處理寶石的方式替琥珀刻面與雕刻，將這些切割件鑲嵌在塗上各種顏色的反光金屬箔上，來解決這個問題。使用木造結構也能替作品加入隔間，上方再襯上鏡面玻璃，非常適合用來裝聖物或聖像。有些甚至加入迷人的小型琥珀造景，例如全用琥珀刻畫的「最後的晚餐」。

琥珀與匠心

琥珀工匠不只是技藝精湛，還富有創造力，匠心獨具往往是其作品魅力的關鍵。他們將琥珀轉化成具互動性物件的能力，吸引了那些喜歡驚喜且好奇心十足的收藏家。菲尼斯・莫里森曾在一五九四年參觀了佛羅倫斯的收藏，後來也以文字記錄自己的深刻印象。除了一只琥珀杯與一件琥珀蜥蜴標本以外，他還看到一個時鐘。[35]當時的庫存紀錄並沒有提到任何鐘錶，但確實記錄了一艘有船員的琥珀船。那個時鐘可能是一個自動機械裝置，因為這種用琥珀製作的船型機械裝飾，也存在於其他王侯收藏中。在柏林，甚至有一臺描繪礦工工作的琥珀機械裝置。雖然這些裝置最早是在歐洲製造，但到了十八世紀，用琥珀裝飾的古怪發條平底帆船，都有從中國進口回到英國與德國的紀錄。佛羅倫斯公爵收藏中，還有一門琥珀製的小型火炮。如今，被保留下來的此類火砲並不多。可調節的炮筒與可移動的砲車架，讓它們很容易損壞，而它們顯然很受歡迎。後來的一位荷蘭收藏家，將他的琥珀火砲裝飾在堡壘上，呈現隨時可以向觀看者開火的模樣。在近世，景觀是展示收藏的基本元素，琥珀非常適合這類戲劇性展示。想像一下，葡萄酒順著琥珀噴泉層層流下（圖83），透過使用琥珀鏡片的

〔圖83〕葡萄酒噴泉，柯尼斯堡，約1610年，材質為琥珀與鍍金青銅。

〔圖 84〕貢多拉船形（gondola-shaped）的平底小船，描繪擁抱的戀人，
據信為克里斯托弗·拉哈特（Christoph Labhart）的作品，卡塞爾，約 1680/1690 年。

放大鏡和眼鏡觀看，閱讀用琥珀裝訂的書籍，甚至吹奏用琥珀製作的笛子。

有些作品也帶有情色趣味。在米蘭，曼弗雷多·塞塔拉的口袋型日晷蓋子上藏著「一位美麗的法蘭德斯女士」。這位「夢中情人」從「純琥珀汲取她的精髓」，散發出如此可愛的光芒，據說可以「讓你愛上她」。[36]大啤酒杯杯蓋掀開或飲料喝完時（儘管不確定這些杯子是否真的能盛裝液體），有時會出現誘人的女性形象。據稱，飲用接觸過琥珀的酒精會讓人喝太醉，藏在這些飲酒器內的女性形象代表酒神巴克斯喪失抑制力。有些杯子上的性意象特別露骨，有姿態婀娜誘惑的女人，有時甚至是糾纏在一起的情人（圖84）。琥珀也推薦給那些擔心伴侶不檢點，希望迫使伴侶承認的人。[37]如果這些輕佻行為引發有害的副作用，那麼性病也可以用琥珀粉治療（撒在煮熟的蛋上或加在葡萄酒裡）。

價值

人們對於琥珀物件的珍惜，受到許多因素影響，如成本與稀有性、藝術技巧、獨創性、尺寸、功能、歷史、戲劇性，甚至關於健康與幸福的想法。這些因素也可能讓物件擁有原始意圖以外的用途。曼托瓦公爵擁有的琥珀物件如聖母像、耶穌基督像、十二使徒像、祭壇裝飾、聖杯與聖餐盤、燭臺、調味罐與聖體容器等，並沒有保存在他的宮殿禮拜堂或聖器收藏室，而是放在著名的特洛伊大廳（Hall of Troy），一個由著名畫家朱利歐．羅馬諾（Giulio Romano）裝飾的接待場所。在佛羅倫斯，甚至有一組使徒雕像與耶穌受難像放在一件家具內部作為裝飾。琥珀在黑檀木製結構的陪襯下顯得金光閃閃，這些雕像在約翰．伊夫林的記憶烙下了印記。在這些情況下，藝術價值與物質價值都置於宗教功能之前。

具有宗教意義的琥珀物件甚至有貨幣價值。在二十世紀中期，佛羅倫斯的博物館研究員在銀器博物館（Museo degli Argenti），也就是今日的大公寶藏館（Tesoro dei Granduchi），在其中一件梅迪奇家族琥珀祭壇飾品裡發現一張紙條。這張紙條上寫著，這件祭壇裝飾在完成之後沒幾年就在旦澤被典當了。[38] 琥珀念珠也可以用作賭注。在一五四九至一五五〇年教宗選舉秘密會議期間，威尼斯大使表示，他曾看到樞機主教用琥珀念珠打賭會議的長度。在同一次秘密會議期間，奧地利的瑪格麗特送給特倫托樞機主教一串琥珀念珠，以及幾乎毫不掩飾的訊息：「他很清楚怎麼選出一位能得到皇帝認可的教宗。」[39]

在這個時期，幾乎所有人都很難取得琥珀，因此琥珀也成為逢迎討好的最佳材料，普魯士與波蘭立陶宛聯邦的公民更是利用了這樣的優勢。需要引起教宗的注意嗎？那就將「一顆金光閃閃、半指長的心形琥珀……，刻上聖若翰洗者小時候的雕像」獻給一位樞機主教，也許能起點作用。[40]需要一些聖物豐富大教堂的寶庫？何不送只漂亮的首飾盒給一位勢力龐大的公侯。需要政治支持？給那些在談判桌上有一席之地的人送上琥珀也許會有幫助。在代表教皇進行結束三十年戰爭的談判時，樞機主教法蘭西斯柯・巴貝里尼收集了五座聖母聖子像，以及一座顯然獨一無二的教宗烏爾巴諾八世琥珀半身像。

無論是內行人或外行人，都認為波蘭立陶宛與普魯士是琥珀的搖籃。這樣的關聯性不僅在枯燥乏味的地理學書籍被提及，也受到這些地區貴族與公民的積極推動。當波蘭立陶宛王室大臣的妻子向義大利洛雷托（Loreto）的著名聖壇贈上一件精美的琥珀物件時，不但表現出對教會的尊重，也展現她個人的虔誠，而且琥珀油燈、用來盛裝酒水的琥珀瓶、琥珀祭壇燭臺、琥珀盆、琥珀聖像牌、琥珀柄金杯等，也為她的祖國做了精彩的廣告。在更私人的層面上，當她一六四〇年在羅馬求學時，一名年輕人寫信給她在克拉科夫的父親，請他提供一串琥珀念珠或「其他以琥珀製作的物品」，滿足一位熟人最近提出「來自波蘭的美麗物品」的要求。[41]

透過贈送琥珀來強調與加強材料和地點識別的作法，一直延續至今。馬里烏斯・德拉皮科夫斯基（Mariusz Drapikowski）與他在格旦斯克專門用琥珀製作教會用品的工作室就是一例，其中許多是為教宗、樞機主教與其他神聖場而製作。德拉皮科夫斯基最著名的作品，是自琥珀屋以來尺寸最大的：一件為格旦斯克聖布麗姬教堂（Basilica of St Brigida）設計的龐大琥珀製祭壇裝飾，長十一公尺，寬九公尺。這座教堂與團結工聯（Solidarność Trade Union）有密切的關係，祭壇裝飾是使用琥珀表現大眾認同與地方認同的重要範例之一（圖85）。[42]

收購琥珀

除了琥珀珠，人們對過去非菁英消費者喜歡的琥珀類型所知甚少。在中世紀歐洲，人們喜愛的琥珀類型大多可能具有宗教特質，但我們所知的情況相當模糊，而且只有少量文獻支持。現存物品顯示，琥珀能滿足各種需求，適合不同的消費能力。在天平的一端，有奢侈的功能性物品，如富人私人禮拜堂使用的彌撒用酒水瓶，而在另一端，則有地位較低的民眾更容易獲得的琥珀幣。

近世歐洲的平民又是如何取得琥珀？未經加工的原石可以向藥材商購買。他們的客戶是鍍金工、銀器匠、印刷工、畫家、漆工、儀器製造商、紡織工人、皮革工人，以及將琥珀用於清漆、染料、油墨、顏料、染劑、亮漆與濕敷藥物等的治療師。一般人從哪裡取得加工過的琥珀就不是那麼清楚了。在近世倫敦，無論男女，擁有琥珀珠都是稀鬆平常的事。許多一定是合法取得，但也有竊盜的紀錄。在十七世紀後期以後的中央刑事法院紀錄中，這些幾乎只涉及女性被告與原告。

要弄到新奇或不尋常的玩意兒，當然也不容易。對大多數人來說，

〔圖 85〕馬里烏斯・德拉皮科夫斯基的祭壇裝飾，於 2017 年 12 月舉行祝聖儀式，位於波蘭格旦斯克聖布麗姬教堂。

這意味著要前往普魯士或波蘭立陶宛、倚賴其他前往或居住在那裡的人，或是找到一個有人脈的人。柯尼斯堡這座重要的大學城，迎來了許多知識分子。就是在那裡，後來發展出早期博物館收藏的哥本哈根醫生奧萊．沃姆（Ole Worm），在當地一位植物學家朋友的幫助下，獲得了一個裡面有九顆琥珀小球的中空琥珀球、兩顆球形琥珀以及三枚琥珀骰子。[43]也許沃姆是直接向製造者購買——造訪旦澤的遊客經常會在工坊停留。蓋歐克．施羅德（Georg Schröder）在一六六三年冬天曾參觀一間工坊，瞥見一件令人印象深刻且「價值一千銀幣的首飾盒」，據說工匠已經花了一年製作這只盒子。施羅德在日記畫下的素描根本無法與真品媲美。在他的描述中，這個盒子「雕刻精美」且「完全透明，上方有由各色琥珀碎片製成的美麗人物。」[44]

只有行會成員或經過授權的官方商人才能銷售琥珀。然而，禁止非法持有琥珀的公告一再出現，顯示執法成效不彰，而且該區有大量外國人，特別是水手，違法證據很快就會消失不見。正如我們所讀到的，當時還有典當琥珀的市場，而且寡婦也可以將丈夫的收藏出售。在德特勒夫．馬蒂森（Detlef Matthiessen）去世後，他的遺孀安娜．奧洛芬（Anna Oloffin）就曾為一根鑲有寶石的琥珀權杖尋找買家。[45]

去不了普魯士或波蘭立陶宛的人不得不另闢途徑。這些都是富人包攬的事情。高級貴族雇用代理人替他們採購，或是倚賴遠方的人脈。費迪南多．科斯皮（Ferdinando Cospi）從一位曾在莫斯科為波蘭立陶宛使館服務的義大利同胞那兒，獲得了他的琥珀計數器，而他的琥珀標本收藏則是來自一位曾在波蘭擔任聖座大使的遠親。[46]再往下，仕紳階級與其他富人可以在拍賣會與專業交易商處購得二手琥珀。二手貨裡有時會出現好東西：一六四九年英王查理一世被處決後，英國皇家收藏釋出了不少珍藏。某些類型的琥珀物件會大量生產，例如刀柄。這些刀柄在出售時沒有裝刀片，由刀具商在他們的工坊裡加工。破掉的零碎琥珀也有市場。某種奇怪的繞線機，被認為是專門以早期物品的碎片來製作飾帶。[47]這個奇特的裝置上刻著「保羅・莫瑟斯特，倫敦」的字樣。保羅・莫瑟斯特（Paul Morthurst）是來自德國北部的流亡者，他在一七六〇年代從事木工與細木工。他製作這臺繞線機，可能不僅是為了展示他的技術，也是為了展示他的出身，他很可能曾在自己的店裡展示這臺機器。

最早的琥珀博物館

琥珀得來不易，持有人理所當然感到自豪，也熱衷於炫耀。許多人就像牛津的伊萊亞斯・阿什莫爾（Elias Ashmole），以在真實展覽或透過書籍與目錄的方式，向其他收藏家開放了自己的收藏。最昂貴的琥珀通常有專屬的定製收藏箱（圖86）。收藏目錄顯示，琥珀藝術品通常儲存在小型櫥櫃或玻璃展示櫃裡，有些甚至有單獨的玻璃展示櫃。在十八世紀的佛羅倫斯，琥珀戲劇性地呈現在一個特殊的海洋主題展示櫃裡（圖87）。

〔圖 86〕大型琥珀祭壇與象牙人像雕塑，
作者為蓋歐克・克里貝爾（Georg Kriebel），
來自歐洲東北部，約為 1640/1650 年，
材質為琥珀、銀、木材、象牙、雲母與紙。

〔圖 87〕安東・法蘭西斯柯・岡內利（Anton Francesco Gonnelli）設計的玻璃櫃，
專為展示琥珀製作，至今仍在使用。
出自佛羅倫斯（1728），材質為木材與鍍金青銅。

兩個世紀後，詩人賈德維加·盧斯祖斯卡（Jadwiga Łuszczewska）曾表示，她認為琥珀受益於整體的呈現。她曾拜訪過「一名富商，他的房子從地板到屋頂滿是琥珀，就像一個裝滿了金砂子的碗。」她在那裡看到了「數量如此龐大、平時只能看到少少幾件的海濱寶藏，並意識到這樣的展示方式能得到多少好處。」她推論，雖然鑽石與珍珠能單獨呈現，但這是因為它們是「第一等寶石」。她認為，琥珀所屬的「第二等寶石」，尤其是只能搜集到小塊之人，應該要一起「大量」呈現。[48]約翰·蓋歐克·凱斯勒（Johann Georg Keyssler）必然不同意這樣的說法。凱斯勒在一七二六年參觀佛羅倫斯公爵收藏，發現將所有梅迪奇家族的琥珀擺在一起，只會更強調它們糟透了的狀況。[49]

王室與私人收藏是歐洲現代博物館的前身。大英博物館成立於一七五三年，其基礎為漢斯·斯隆爵士（Sir Hans Sloane）的私人收藏。斯隆是名興趣廣泛的醫生，其成年後的絕大多數時間都在倫敦皇家學會服務：先是擔任秘書，之後成為學會期刊編輯，最後成為會長。在當時的英格蘭，皇家學會成員是重要的琥珀收藏家。他們最大的一塊琥珀有「半英尺長」，來自霍爾斯坦邦（Holstein）的倫茲堡（Rendsburg）。[50]他們也積極發表關於琥珀的文章，其中最著名的是一六九九年《普魯士琥珀》（*Succini Prussici*, 1677）這本重要著作的刪節版，該書作者菲利普·雅各布·哈特曼（Philip Jacob Hartmann）還特別為此授予學會十五件標本。斯隆顯然覺得琥珀在他的個人收藏中有其重要性，他的「以鑲嵌在黃琥珀裡的白琥珀製作的小型人物像」與博物學家馬克·凱茲比的琥珀水彩畫（圖8）都在他賣給國家的七萬件收藏之中。斯隆的琥珀可以說是大英博物館的第一批琥珀收藏，而大英博物館據說是世界上第一座國家公共博物館。

大英博物館於一七五三年設立以後，許多重要收藏向民眾開放，最終成為至今遊客絡繹不絕的博物館。在柏林、德勒斯登、卡塞爾與慕尼黑的博物館，來自波羅的海的精美加工琥珀都是重要收藏，這些博物館的前身都是重要統治者的住所。不幸的是，普魯士統治者收集的柏林收藏，在第二次世界大戰期間遭受破壞。奧地利與俄羅斯也有重要的藏品。哈布斯堡王朝收藏的琥珀，後來分別到了維也納與茵斯布魯克（Innsbruck）；俄羅斯沙皇的琥珀收藏則可見於莫斯科與聖彼得堡。[51]丹麥也有著名的收藏，在阿爾卑斯山以南，佛羅倫斯、摩德納與那不勒斯的收藏尤其突出。在英格蘭，因皇家倡議而設立但是沒有皇家收藏的倫敦維多利亞與亞伯特博物館，則是慢慢建立起媲美老牌博物館的收藏。該館研究員在一八五〇年代中期入藏了第一批歐洲琥珀，後來在一八七〇年代與一九二〇年代都各有所獲，不過在一九五〇年，由於沃爾特・里奧・希爾德堡（Walter Leo Hildburgh）的慷慨捐贈，博物館收藏有了徹底的變化。

歐洲博物館主要收藏歐洲琥珀，也許不令人意外。有收藏亞洲琥珀的地方，規模通常不大，而且集中在來自西藏與緬甸的民族學物件、精湛雕刻物件與鼻煙壺。鼻煙壺尤其受到十九世紀西方收藏家的歡迎。英國對華南地區的興趣，包括對香港的管理，意味著在美國產生興趣之前，英國早就可以取得並收藏中國的琥珀工藝品。拍賣紀錄顯示，從一八三〇年代，甚至更早的時候，倫敦就有清朝琥珀的轉售市場。

十九世紀晚期的收藏

在歐洲，交易商與拍賣商是琥珀文物的重要來源，許多收藏家與新的非皇家博物館都倚賴他們來發展收藏。在十九世紀，仍有許多值得博物館收藏的琥珀能迎合這樣的需求。琥珀杯、首飾盒與櫥櫃、雕像（尤其是一套罕見的十二使徒與耶穌基督雕像，以及更罕見的 St Elisabeth 雕像）、棋盤與棋子、單柄大酒杯、托盤、鼻煙壺與餐具等，都曾出現在十九世紀的倫敦拍賣會，這些物品原本由貴族、政治家、詩人與畫家、法官、大臣、學校校長與博物館員工所擁有。有些收藏甚至來自皇室，像這三個著名的例子：一八一九年出售的夏洛特女王琥珀棋盤；一個據說於一六六〇年代為「巴伐利亞公主」（或「波西米亞女王」）製作的琥珀櫃，於一八二二年在威廉・貝克福德（William Beckford）放山莊園（Fonthill Splendens）藏品拍賣會售出；還有一八四九年拍賣的「帶手柄古董壺，由琥珀製作，雕工精美並鑲嵌在銀器中，原為約瑟芬皇后（Empress Josephine）所有」。北美洲最大的琥珀藝術品收藏，如今位於波士頓美術館，是由威廉・阿諾德・布法姆在十九世紀末幾十年間獨力收集而成。[52]也是在這個時期，中國的發展，尤其是鐵路網的建設，讓人們得以觸及以前的偏遠地區與未受干擾的歷史古蹟。盜墓使許多早期琥珀文物進入市場，讓可取得琥珀文物的範圍擴大到清朝之前的時期。

二十與二十一世紀的收藏活動

十九世紀末的許多美國收藏家與博物館，往往透過收藏家的遺贈而能將中國琥珀納入收藏。一九一一年中國辛亥革命後，中國貴族文物在紐約的銷售情況，充分說明了美國人對包括琥珀在內的中國藝術品的興趣。辛亥革命還促成紫禁城故宮博物院的設立，該博物館的收藏以清朝皇室收藏為基礎，其中包括許多清朝與更早時期的精品。如今，中國境外最精彩的中國琥珀收藏在北美洲，例如紐約美國自然史博物館的德拉蒙德收藏（Drummond Collection），以及加拿大大維多利亞區美術館的賴夫收藏（Reif Collection）。

二十世紀琥珀藝術的歷史極其複雜且高度情緒化。在第二次世界大戰結束時，逃離蘇聯入侵東普魯士的德國難民，就像之前的冒險家、探險家與旅者一樣，把珍貴的家傳琥珀放在身上帶到安全的地方。許多人後來將它們捐給新的西德定居地的紀念館。一九六〇年代與一九七〇年代，德國里布尼茲－達姆加爾騰（Ribnitz-Damgarten）也建立了琥珀收藏，立陶宛帕蘭加與波蘭馬爾堡也都成立了琥珀博物館。對後者來說，幸運的是以亞洲藝術收藏為主的基特森收藏（Kitson Collection）出售，歐洲與中國的琥珀文物得以進入市場。基特森收藏的拍賣恰與馬爾堡博物館的成立同期，該館現在可以聲稱是第一個嘗試將東西方琥珀結合展示的公共機構。該館研究員也是最早向當代珠寶商與藝術家如盧西恩・米爾塔（Lucjan Myrta，圖88）開放藏品的人。這也是加里寧格勒琥珀博物館（成

〔圖 88〕盧西恩・米爾塔，琥珀自畫像（2009）
材質為琥珀與木材。

立於一九七二年）的重點之一，該館在展示新作品的同時，也展示了其他收藏的復原物與克里姆林宮贈與的文物。甚至在最近，格旦斯克也建立了自己的代表性與世界級收藏，包括罕見的簽名作品，以及通常被忽視的作品，例如裝飾藝術風格作品。[53]

大家仍然可以輕易在跳蚤市場、古董市場或網上買到來自歐洲與亞洲的二十世紀初小塊加工琥珀，專業的歷史文物交易商也不少。近年來，博物館也曾進行了相當令人矚目的入藏，例如荷蘭國家博物館購買了一只琥珀遊戲盒，據信是安妮長公主（Princess

Royal of Great Britain）與奧蘭治親王威廉四世（William IV, Prince of Orange）在一七三四年結婚時收到的禮物。接下來，大環境就變得有些詭譎。二〇一八年，《象牙法案》全面禁止了英國的象牙貿易。此禁令包括象牙比例超過十%的藝術文化遺產交易，影響到許多在製作時經常用象牙以營造對比和展現細節的波羅的海琥珀物件。

琥珀藝術有未來嗎？加里寧格勒琥珀博物館每兩年舉辦一次的國際比賽阿拉泰爾（Alatyr），既可說是健康檢查，也是武裝動員。比賽的同時還有一場國際會議，討論諸如琥珀在當代珠寶商與視覺藝術家的教育中，有何地位等關鍵議題。如果琥珀藝術要有未來，對於材料特性的實際訓練與經驗是必不可少的先決條件。這些技能仍然集中於俄羅斯和波蘭，這兩個國家都有悠久的琥珀加工歷史。儘管如此，最近藝術品市場開始出現由多明尼加、墨西哥與蘇門答臘琥珀製成的大型古典人物半身像、中國藝術品與鳥獸雕刻，顯示這些地區的雕刻家對掌握這種材料特質的信心與日俱增。許多藝術家與雕塑家儘管並不總是以琥珀為創作素材，卻也深受琥珀的靈感啟發。德國畫家西格瑪爾．波爾克（Sigmar Polke）就創新地試驗了仿琥珀樹脂。[54]阿拉斯泰爾．麥基（Alastair Mackie）在他的裝置藝術作品融合了兩種歷史傳統，將琥珀棋子放在一張由燈箱製成的桌子上，用來觀賞琥珀標本（圖89）。扎克．多特里（Zach Doughtery）想像在琥珀裡化石化的ＳＤ記憶卡，預測有一天，古生物學家會發現保存在裡面的現代數位儲存檔案。現代藝術家與工匠似乎與他們的歷史前輩一樣富有創造力，為「金色的石頭」帶來光明的未來。

〔圖 89〕阿拉斯泰爾・麥基〈無定形的生物〉(Amorphous Organic)，
由「三十二件：西洋棋藝術」展覽委託創作的西洋棋組（2009），
材質為沼澤橡木、燈箱、玻璃、電池、黃銅、琥珀、樹脂與昆蟲。

第八章

失落的琥珀

琥珀是一種古老的化石樹脂，在地底下存在了數百萬年，不過一旦從地下挖出來，去除外殼，它就會開始變乾、產生裂紋和變色。環境因素決定了它退化的速度與嚴重程度。全球各地的天然琥珀、加工琥珀與標本等收藏都正逐漸消失，它們都是自身脆弱性的受害者。丹麥國立博物館（National Museum of Denmark）二〇〇六年的一項研究總結，該館收藏一萬七千件琥珀中，四五％有變質惡化的跡象。[1]在歷史上，人們尚且不太了解這些過程時，琥珀便已遭受漫長且不光彩的公開死亡。德國旅人約翰·蓋歐克·凱斯勒在一七三〇年左右於佛羅倫斯看到梅迪奇家族琥珀收藏時，因為那不穩固的外表而大感震驚。到了一七八〇年，這批琥珀的危險狀態迫使它們收入庫藏。[2]一七三〇年，英國人查爾斯·湯普森（Charles Thompson）在帕爾馬看到了法爾內塞（Farnese）家族的琥珀收藏，並沒有提到它們的狀況，但是當這批琥珀轉移到那不勒斯，最終於一七五六年在卡波狄蒙特宮（Capodimonte Palace）展出時，它們的「保存狀態不佳」與「必須修復」引起了人們注意。[3]目前仍展出的已經沒剩幾件。

如今，人們更加了解琥珀降解的機制與化學過程。[4]在現代博物館裡，溫度、濕度與照明都受到嚴格控制。[5]這可以減緩琥珀變質的速度，但無法扭轉或阻止這個過程。因此，只研究現存的琥珀，永遠無法讓我們完全了解過去人們如何使用琥珀。歷史學家在探求此過程時搜羅了許多書面紀錄。這些紀錄不但告訴他們哪些琥珀已經消失在歷史洪流中，也告訴他們琥珀入藥或製粉做成香水與染料等作法，而這些用途自然都會導致琥珀的破壞。本章探討的是琥珀所經歷的一些重大損失，就讓我們從一則傳奇故事開始。

雄心壯志的琥珀

誰沒聽過琥珀廳（Amber Room）？[6]琥珀廳有時被稱為世界第八大奇蹟，是人們狂熱喜愛的對象（圖90、91）。它不僅是無數紀錄片的靈感來源，許多小說甚至電腦遊戲的背後也有它的影子。也許令人驚訝，該地原本在俄羅斯之外鮮為人知，一直到法國詩人兼藝術評論家泰奧菲爾．哥提耶（Théophile Gautier）在他的書信體小說《俄羅斯之旅》（*Voyage en Russie*, 1866）大肆稱頌以後，才打開知名度。

琥珀廳的建造由布蘭登堡普魯士邦聯的腓特烈一世（Friedrich I）於一七〇五年左右開始，當時他剛剛從選帝侯登基為國王（圖92）。該廳原本是為他在柏林沙洛屯堡宮（Charlottenburg Palace）

〔圖 90〕皮埃爾・安布魯瓦斯・里奇堡（Pierre-Ambroise Richebourg），
聖彼得堡附近沙皇村的琥珀廳，攝於 1895 年，蛋白銀印相。

的私人辦公室與謁見室之間的一個小空間所做的設計，稱不上一個房間，反而比較接近用來覆蓋候見室牆壁的大型馬賽克面板（最大的有四・七五公尺長、一・六五公尺寬）。

在歐洲所有統治者中，只有腓特烈一世可以不受限制地取得大量高品質琥珀，因為當時西方已知最龐大的礦藏就在他的領土上。多年來，他的家人一直把最大、最好與形狀最奇特的琥珀留給自己或當作外交禮物。其中最

〔圖 91〕沙皇村凱瑟琳宮的琥珀廳，攝於 2008 年。

〔圖 92〕據信為薩繆爾・布萊森多夫（Samuel Blesendorf）繪製的腓特烈一世，可能在他登基為國王之前繪製（1677-1706），銅板油畫。

引人注目的物件都有各自的暱稱，許多相關評論可見於當時的出版品：一件重量僅超過一公斤的琥珀塊，經常受到參觀維也納皇家收藏的遊客品頭論足。[7] 拳頭大的琥珀塊會鑲嵌在貴金屬上以顯示其重要性。大塊琥珀通常因其潛力而受珍視，許多也加工成物件。一位作者回憶說，他曾看到「像人頭那麼大」的琥珀塊做成杯子和碗。[8] 普魯士統治者收到來自歐洲各地皇室貴族對「精美大塊、美麗透明的黃色與白色琥珀」的請求，其中有些人已經對於要將琥珀拿去做什麼「特殊作品」有了概念。[9]

最大塊的波羅的海琥珀通常在十公斤左右。現代琥珀廳重建工作需要六噸重的琥珀，其中光是牆板就要用上一千兩百公斤。重建琥珀廳的工作花了二十五年的時間，最初的房間只花了四年。這個十八世紀的工程被詳細地記載下來，主要是因為此案最資深工匠戈特弗里德・沃爾夫拉姆（Gottfried Wolffram）提起的一場曠日廢時的訴訟。戈特弗里德在旦澤師從尼古拉斯・圖羅（Nicolaus Turow），不過是在丹麥為哥本哈根王室工作而起家。戈特弗里德帶著二十年的工作經驗來到柏林。他抵達的時機非常好。當他開始為腓特烈一世服務時，腓特烈一世的宮廷建築師才剛提出建造這個房間的想法。但是戈特弗里德與建築師伊沙德（Eosander）相處得並不融洽；伊沙德認為戈特弗里德的改動「破壞了設計」。伊沙德雇了兩名年輕的工匠牽制戈特弗里德，其一為圖羅之子。戈特弗里德對此感到非常憤怒，抱怨這些年輕人「無法勝任這項工作」。戈特弗里德嚴厲抨擊了伊沙德，將已經完成的作品鎖在家中後離開，最終回到丹麥，並提起訴訟要求報酬。

兩名年輕人留下來完成這些鑲板，他們直到一七〇九年才完成。只是在這個時候，計畫已經改變，這些琥珀則被遺棄在那裡。一七一六年，腓特烈一世的兒子腓特烈・威廉一世（Friedrich Wilhelm I）將這些琥珀送給了俄羅斯沙皇。它們將其打包裝上船，載往彼得大帝新建的首都聖彼得堡。當房間被布上鑲板，該市首長驚訝地寫道，「這是世間未見的罕見之物」，但是這些面板再次收入儲藏室，等待適當的用途。多年後，彼得大帝最小的女兒伊莉莎白於一七四一年將它們安置於冬宮。由於這個房間比它們原本預計在沙洛屯堡的空間還要大，建造時便加入鏡子與繪畫填補縫隙。至此，這個房間已有將近半世紀的歷史，狀況很糟。琥珀、金屬箔與底部結構之間的黏著劑已經乾掉，整體也因為木材的收縮與膨脹而受到影響。花了三年時間，這些面板才恢復到原有的輝煌，而且此後必須持續不斷進行維護。有關這些面板狀況的保留，可能導致當時已成為女皇的伊莉莎白決定將它們從冬宮搬到夏宮（圖93）。這些鑲板由五位來自柯尼斯堡的琥珀專家修復，並添加了錯視手法的琥珀帶狀裝飾，讓它們能貼合空間。伊莉莎白沒能活著享受這個成果。後來的葉卡捷琳娜二世（Catherine the Great）坐享其成，將這個房間當作沙龍，主要為她宮廷的仕女服務。

這間琥珀廳只要存在，對它的管理人就是個麻煩。該廳在俄羅斯的最後一位管理者曾在日記哀傷地寫道，它必須經過不斷清理和重新黏貼琥珀碎片。一九四一年，德國軍隊抵達沙

〔圖93〕沙皇村的夏宮。

〔圖 94〕，柯尼斯堡城堡與威廉二世紀念碑，約 1890 年代，彩色平版印刷。這座城堡是該市博物館的所在地。

皇村，它的輝煌氣勢大減。實際狀況是，要把鑲板取下來保存實在太困難，因此管理員將它們蓋上，然後在地板上堆起砂子。這讓第一批步兵打消了念頭，但他們的軍官並沒有因此放棄。他們花了一天的時間將琥珀拆下來，用地毯和窗簾包好，打包運往德國小鎮柯尼斯堡，打算在當地的博物館展示（圖94）。這些琥珀的到來被視為精神上的回歸，因為對許多歐洲人來說，該地區是「真正且唯一發現琥珀的地方」。參觀者蜂擁而至，儘管有些人表示失望。鑲板無法像在俄羅斯那樣進行展示，據說看起來破舊不堪，未能讓人留下深刻印象。

故事的下一章是最著名的部分。一九四四年，蘇聯開始進攻德國，展覽被取下來保存。博物館所在的城堡建築群在八月底遭受英軍空襲，導致一些鑲板損毀。琥珀在大約攝氏兩百四十至兩百九十度（華氏四六四至五五四度）的溫度下會液化，目擊者聲稱在空襲過後看到融化的「蜂蜜狀物質」。德國人計畫將剩餘琥珀鑲板轉移到更南部的薩克森邦進行保管。然而，該次運輸是否在一九四五年四月九日柯尼斯堡淪陷之前出發，不得而知。市府官員後來表示，事情發展已超出他們預料。果真如此，那麼鑲板被破壞的證據在哪裡呢？愈來愈多人猜測，它們是被偷偷帶走的。一名目擊者回憶說，在該城淪陷的前四天，他曾聽到一名官員表示將親自安排立刻將這些鑲板送走。這加深了人們的懷疑，認為鑲板確實被運走或藏起來，然後走私出去。

失而復得

一九七〇年代末期，人們在哥廷根大學收藏中發現了柯尼斯堡大學（前Albertina博物館）曾引以為傲的琥珀標本收藏，這燃起了人們尋找琥珀廳的希望。過去二十年間，無論是該琥珀廳的碎片出現，或是高調但收效甚微的搜索，都激發了人們的興趣。[10] 對一些人來說，琥珀廳的傳說與它正在某個被遺忘的礦井、地下碉堡或地窖中閃閃發光的可能性確實存在。

琥珀廳只是一九四五年以來眾多失蹤的琥珀之一。這些鑲板來到柯尼斯堡後，博物館研究員開始了一個野心十足的計畫：從歐洲各地收集琥珀材質的歷史文物。如今，這些東西早已失蹤，很有可能已經損毀。許多物件都在戰爭期間與動盪的戰後時期丟失、被盜與被掠奪。例如，圖林根邦（Thüringen）哥達市（Gotha）弗萊登斯坦恩城堡（Schloss Friedenstein）收藏的十幾件琥珀文物被帶到蘇聯。[11] 二〇〇七年，哥達市的研究員重獲一只自當時就失蹤的首飾盒。[12]

德國遺失藝術品基金會（Lost Art Foundation）幫助博物館與私人尋找及記錄琥珀「由於納粹迫害或二戰直接結果而被移走、重新安置、儲存或從所有者手中奪取」的相關資訊。[13] 其中特別重要的是一九四五年後，「紀念碑、美術與檔案計畫」所做的工作。該計畫在歐洲各地設立收集點，在那裡處理、拍攝與重新分發被國家社會主義政權掠奪的藝術品與文物。例如，他們記錄了曾屬於猶太銀行家弗里茲．曼海默（Fritz Mannheimer）的琥珀，這些琥珀在德國入侵荷蘭後成了希特勒的私人收藏。這些琥珀在一九五二年歸還該家族，目前在阿姆斯特丹國家博物館展示，見證這段歷史。針對猶太人文物收藏與博物館的打壓，再加上出於種族動機將琥珀視為德國固有之物，意味著許多與猶太儀式有關的琥珀製品，例如律法書指針（Torah Pointers）與割禮用刀（Mohel Messer），不是遭到掠奪、損毀，就是隨著難民的行李帶到世界其他地方（圖95）。耶路撒冷的以色列博物館收藏了大量全球猶太人散居海外與歐洲猶太文化的琥珀文物，而且這個領域仍然大有可為。

〔圖 95〕刻有希伯來文字的猶太律法書指針，20 世紀，材質為銀與琥珀。

琥珀家具

除了琥珀廳，第二次世界大戰期間最重大的琥珀損失是柏林的普魯士皇家收藏。這批琥珀文物無疑是歐洲史上最精美的加工琥珀收藏，在三十年戰爭期間第一批收藏被破壞以後重新建立。它包含了許多奇特且有趣的物件，包括兩座農場、一座「軍事戰壕」、「娃娃屋廚房設備」，以及樂器。雖然其他收藏在豐富性與廣度上都無法與柏林收藏相提並論，收藏精彩奇特物件類型的肯定不只有柏林。普魯士統治者將許多令人印象深刻的琥珀物品，尤其是用琥珀包覆的家具，送給了歐洲各地的統治者，其中大多數都非常脆弱，現已消失在歷史洪流之中。

枝形吊燈是歐洲地區最早嘗試的琥珀家具類型之一，最早的記載可追溯到十六世紀末。[14] 紀錄中對這些枝形吊燈的實際外觀隻字未提，而其他庫存目錄條目，例如一六一九年對安妮女王在倫敦丹麥宮財產中「置於雙木盒、內掛在枝形結構上的琥珀燭臺」的描述，同樣也不多。一樣的描述在一六五一年再次出現，所謂的「燭臺」出現在命運多舛的國王查理一世遺物的出售名單。[15]幸運的是，有一盞枝形吊燈脫穎而出，堪稱枝形吊燈的明星。它的高度超過一公尺，重約七公斤，是佛羅倫斯托斯卡尼大公的收藏。如夢似幻的燈飾有「三層……，每層有八條臂，上面有各種橢圓形與圓形裝飾，滿是用白色琥珀製作的人物雕像與歷史故事，最上面還有一隻老鷹。」[16]它最初掛在烏菲茲講壇廳的珍珠母飾面圓頂上，後來移到杜林夫人宮的會客室，無論在哪裡，都讓人讚嘆且廣受讚賞。訪客對它的起源特別好奇。在一六五〇年代，英國旅人理查德．拉塞爾斯（Richard Lassels）被告知，這是薩克森邦約翰．蓋歐克公爵（Johann Georg）送給科西莫二世（Cosimo II）第三子的禮物，據說這是約翰．蓋歐克從布蘭登堡安斯巴赫藩侯蓋歐克．腓特烈一世之妻索菲亞那裡收到。[17]將近四分之三個世紀以後，約翰．蓋歐克．凱斯勒被告知，上面的人物雕像是「布蘭登堡顯赫家族親王與王妃的半身像」，枝形吊燈是他們的禮物。[18]這與現在所知於一六一八年的一筆配重付款，以及其他同時期的佛羅倫斯資料一致，這些資料稱收貨人是科西莫大公而不是他的兒子。如果這些日期是正確的，那麼贈送人最有可能是布蘭登堡的約翰．西吉斯蒙德（Johann Sigismund），他是普魯士阿爾布雷希特．腓特烈公爵的女婿，並在一六一八年岳父去世後繼承了這片領土。

就如後來被留存下來的枝形吊燈所示，它確實令人印象深刻（圖96）。它們並非實用的照明裝置：例如，一六五三年送往丹麥法雷迪三世（King Frederik of Denmark）的枝形吊燈，就是為了回應他個人對琥珀藝術收藏的要求。[19]其他統治者也看到了這類琥珀物件作為禮物的潛能。一六七三年

〔圖 96〕枝形吊燈，柯尼斯堡，1660/1670 年，材質為琥珀。

送給莫斯科沙皇阿列克謝・米哈伊洛維奇（Alexei Mikhailovich）的枝形吊燈最初被掛起來受到讚賞，不過後來沙皇告訴送來此吊燈的代表，這座吊燈將隨著下一任大使前往波斯。[20]鄂圖曼帝國與波斯王國作為通往東方與絲綢等商品的門戶，受到歐洲統治者的青睞。一六八九年，選帝侯腓特烈・威廉一世為莫斯科送去了第二盞枝形吊燈。

這兩座俄羅斯枝形吊燈都已經佚失，但後者的設計圖在二戰期間毀損之前便被發現並出版。這份設計圖出自邁克爾・雷德林（Michael Redlin），能讀到工匠對自身作品的描述，相當難得。這個兩層十二支的枝形吊燈由「大塊琥珀原石」製作而成。吊燈配飾為「巧妙畫在鍍金箔的羅馬與德意志帝王和英雄像，上面覆蓋著透明的琥珀」，他花了兩年多才完成。[21]以數年的時間製作一件作品很常見。光是搜集適當的琥珀類型可能就需要更長的時間。原為琥珀工匠的商人約翰・科斯特（Johann Koster）花了五年才搜集到足以用來製作鏡框的材料，他將自己的最後幾年都投注在這座鏡框的製作。[22]事實上，一座鏡框可能就得用上一千五百多塊琥珀。[23]由於製作琥珀加工物件產生的廢料相當多，因此可能需要多達十五公斤的琥珀；一位工匠表示，這相當於製作一張琥珀包覆的桌子所需要的量。就材料與技術而言，這些物品有著極高的價值。約翰・伊夫林估計，瑪麗二世女王（Queen Mary II）的琥珀櫥櫃與桌鏡在當時的價值約為四千英鎊，可以購買七百五十匹馬，相當於今天的四十八萬英鎊。[24]

就如枝形吊燈，第一座琥珀鏡框的紀錄出現在一六〇〇年左右。最早的琥珀鏡框並不大，受限於當時鏡面玻璃板的尺寸。許多可能是手拿鏡搭配天鵝絨襯裡的盒子，如丹麥的安娜（Anna of Denmark）所持有的。[25]其他則是壁掛式（圖97）。[26]鏡子是奢侈品，琥珀框的鏡子更是奢侈中的奢侈。和枝形吊燈一樣，鏡框也屬於最精美的皇家禮物。最早的大型委託製作之一，就如枝形吊燈，原本是送給沙皇的禮物，但後來卻給了法國的路易十四（Louis XIV），即受人尊崇的太陽王。尼古拉斯．圖羅花了六個月的時間定製現有的框架，在上面增添了法國的紋章、光芒四射的設計與國王的座右銘。[27]由於天氣乾旱導致河流與運河水位下降，交通運輸受阻。當它最終抵達巴黎時，呈現的景象令人驚嘆。據說路易十四曾對雕刻所展現的技巧發表評論，這些雕刻呈現的是奧維德《變形記》的場景。就像許多其他琥珀物件一樣，這個鏡框已經不復存在。據信，它在一六八七年送到暹羅（泰國），一起送去的還有另一座鏡框、兩只琥珀首飾盒與一只船形琥珀酒杯。[28]高價值不僅意味著用作禮物的鏡子會被回收利用，而且在衝突時期鏡子也是掠奪的對象。卡爾．古斯塔夫．弗蘭格爾（Karl Gustaf Wrangel）斯庫克洛斯特城堡（Skokloster Castle）裡的「琥珀框威尼斯牆鏡」據說就是三十年戰爭的戰利品。[29]

這類物件必然很壯觀，但沒有一盞枝形吊燈或鏡子，能與一六七六年為紀念利奧波德一世登基二十周年，而委託製作的琥珀王座來得有名。[30]布蘭登堡的諸位選帝侯沒有像丹麥國王、黑森伯爵領主與薩克森選帝侯那樣保有自己的琥珀雕刻師。由於腓特烈．威廉一世據說能「精妙地車削琥珀」[31]，而這樣的遺漏值得注意。因此，這個過程始於腓特烈．威廉一世要求他在旦澤的代表挑

〔圖 97〕墓誌銘形式的鏡子，柯尼斯堡，16 世紀晚期，
材質為琥珀、象牙與鏡面玻璃。

選一件合適的禮物。旦澤的琥珀工匠冒險發展設計與製作，以備選帝侯代表來訪。琥珀王座的想法來自大師尼古拉斯．圖羅，當時他已經準備了一些草圖。這些設計相當符合腓特烈．威廉一世的要求，圖羅因此獲得委託，前提是他修改設計，納入更多關於利奧波德政權的指涉。圖羅表示，由於不知道要用上多少琥珀，他無法給這件作品定價，但是雙方一致同意，價格不會超過一萬波蘭茲羅提（Polish zloty），並以一半琥珀、一半現金的方式支付報酬。當時，一萬波蘭茲羅提相當於旦澤房產年租金的兩百倍。圖羅於一六七七年秋天完成這個王座。最初的計畫是將王座打包以馬車運輸，但有人提出疑慮，認為路程顛簸，不知作品是否能完好無損抵達目的地。於是，最終決定聘僱四名搬運工，並由專業琥珀工匠隨行修復損毀處。這個王座在晚春抵達維也納。如今，上頭只有十塊琥珀留存，其餘早已佚失。有關王座外觀的唯一現存證據是委託設計圖的完稿（圖98）。

克里斯托夫．毛切爾

琥珀裝飾的桌椅如今看來可能很奇怪，但它們曾為時尚先鋒——琥珀裝飾的家具，在普魯士相當於法國為凡爾賽宮設計的一套銀製家具。事實上，布蘭登堡普魯士統治者要求的一些物品曾時髦到琥珀車工根本不知道他們想要的是哪種形式。一六八〇年代早期，圖羅沒能拿到一項委託工作，因為他不知道一種名為「Gueridon」的特殊形式小圓桌是什麼。這件委託工作由克里斯托夫．毛切

〔圖 98〕象牙琥珀王座的設計圖，由腓特烈．威廉一世委託製作，約 1677 年，紙與水彩。

爾（Christoph Maucher）取得，不過很有爭議的是，毛切爾既不是行會成員，也不是旦澤市民，原則上他應該無法接下這個工作。儘管如此，他還是完成了這件委託。他的風格非常獨特，以至於藝術史家認為現存的十件王座作品，有四件出自毛切爾之手。

毛切爾是歐洲琥珀雕刻的重要大師，作品可謂博物館珍寶。他出生於德國西南部，曾在維也納、哥本哈根與列支敦斯登（Liechtenstein）親王卡爾．優西比烏（Karl Eusebius）宮廷服務，到了一六七〇年，也就是其二十八歲之際才抵達旦澤。人們對毛切

〔圖 99〕克里斯托夫・毛切爾，〈帕里斯的評判〉柯尼斯堡，約 1690 至 1700 年，材質為琥珀。

爾的了解比其他工匠還要多，因為行會成員嫉妒他，對他抱怨連連。地方政府對行會成員的擔憂採取了行動，禁止毛切爾製作會與琥珀師傅作品相競爭的物品類型。由於毛切爾主要是名雕塑家，這讓他擅長創作作品，這些作品也遠超過一般行會成員能力與經驗所及。[32]他製作的雕像往往偏向他同樣擅長的象牙製品，而非當代的琥珀製品。這些雕像的主題是希臘與羅馬神話的主人翁：悲慘的盧克麗霞（Lucretia）與蒂朵（Dido）、佩羅（Pero）用人乳餵養父親西蒙（Cimon）的故事、善良正直的雅億（Jael）與茱蒂絲（Judith）、帕里斯的評判（The Judgement of Paris，圖 99）、美惠三女神（Graces）、珀爾修斯（Perseus）將菲紐斯（Phineas）化為石頭等，[33]都是用以放在首飾盒上，有些則單獨放置。雖然毛切爾的人物雕像重複了一些主題，但這些主題似乎是他自由構思。就這一點而言，它們與五十年後在卡塞爾創作的獨立雕像並不同，這些獨立雕像以凡爾賽花園裡的實際雕塑群為基礎，當時這些凡爾賽花園的雕塑因為印刷品的流傳而廣為人知；這些獨立雕像也會參考早期的小雕像，例如選帝侯腓特烈．威廉一世與他的妻子奧蘭治的路易絲．亨麗埃特（Luise Henriette of Orange），就是以官方的正式肖像為參照。毛切爾在六十多歲去世時已相當富裕。[34]他將土地留給姪女，現金則留給其他五人，其中包括兩名琥珀業的合作者。他在旦澤工作超過三十五年，據推測應該一直從事琥珀創作。儘管如此，現存只有不到十五件作品被認為是毛切爾的作品，而且只發現了少數關於其他銷售與委託製作的文件，這讓毛切爾籠罩在一層神秘的面紗中，只有進一步的研究才能揭開。

櫃子裡的東西

到了十八世紀的最初幾十年，歐洲生產的琥珀家具類型已經擴大到包含琥珀包覆的櫃子與書桌。這種家具被描述為飾板鑲嵌，因為木製主結構的表面幾乎完全被一層琥珀薄片覆蓋。十六世紀晚期與十七世紀早期的明代家具也使用琥珀，不過方式完全不同。琥珀塊與珍珠母、玻璃、青

〔圖 100〕八角鏡，聖武天皇的財產，
來自中國唐朝，材質為青銅、珍珠母、夜光蠑螺殼、彩繪琥珀、
玳瑁與嵌有綠松石和青金石的黑色樹脂。

金石、綠松石與象牙一起鑲嵌在色彩豐富的珍貴木板上。與其說這些材料把底下的家具主結構隱藏起來，不如說是將材料排列其上，創造出鮮明活躍的趣味。製作這樣的物品必須掌握處理多元材料的高度技能，而且製作成本也高。類似的技術也可見於日本奈良正倉院寶庫的部分物件，這裡收藏著聖武天皇（701-756）、光明皇后（701-760）與其輝煌宮廷有關的文物。鑲嵌了珍珠母與琥珀的銅鏡與紫檀製樂器證明了這種技術的悠久歷史（圖 100）。

與歐洲最著名的琥珀飾板鑲嵌櫃子相比，明代家具中使用的琥珀並不多。最著名的琥珀飾板鑲嵌櫃是委託製作給奧古斯特二世（Augustus the Strong）的禮物，它除了本身就是非常出色的作品以外，內容物也非常引人注目，包括放針與剪刀的琥珀盒、琥珀髮油與粉盒、琥珀製的線軸與梭子、手鐲、鼻煙盒、手杖柄、煙斗壓棒、西洋棋、單人紙牌與調情遊戲，以及夾雜內含物的琥珀。一位編年史家指出：「鑑賞家認為它是完美的第一名，單憑關於其藝術與自然驚奇的記述，無法評估其價值。」[35] 在奧古斯特二世居住的德勒斯登，這個櫃子安裝在茲溫格宮（Zwinger），這是由長廊裝飾華麗的展館所構成的一系列建築群。一七三〇年的庫存清單顯示，專用於自然歷史的區域還有另外兩個大櫃子，裡面收集了選帝侯的薩克森琥珀——當時存在最龐大的琥珀內含物收藏，由來自普魯士埃爾賓（Elbing，今 Elblag）的醫生納薩內爾．桑德爾（Nathanael Sendel）花費多年收集而來。[36] 就像他的許多同胞，他對這種本地產的寶石產生了興趣，但他走得更遠，不但以琥珀為題寫作，更在這個領域打出名號。奧古斯特二世將桑德爾與他的收藏召去德勒斯登，桑德爾在奧古斯特二世的要求下，對他的收藏做了全面的介紹。

時至今日，桑德爾的《琥珀史》（*Historia succinorum*, 1742）是他唯一留下來的著作，其畢生心血都在一八四〇年代的一場大火付之一炬。許多重要琥珀標本收藏的故事隨之遺失。無論是因為破壞、退化或是不知情，數以千計甚至百萬計的標本，無論有無內含物，必然已被後世子孫忘卻。一小群煞費苦心的私人收藏家把他們畢生之作遺留或出售給公共收藏，這些人大多有科學背景，了解這些東西的重要性。古生物學家蓋歐克・卡爾・貝倫特將從父親繼承的一千兩百件標本收藏又增加了一倍，後來，他收集到的四千兩百多件標本成為今日柏林國家古生物學收藏的重要支柱（圖51、101）。[37]貝倫特的合作者海因里希・格佩特將他的第一批收藏賣給了家鄉布雷斯勞的博物館，然後又開始累積另一批收藏。[38]然而，其他收藏則在主人去世或陷入經濟困難時被拆散了。人們對於多數這些藏品的命運一無所知。

近年來，可溯源性愈加受到重視，尤其關於不受監管的緬甸琥珀商業交易，無論是否有化石內含物。有些人認為緬甸琥珀的銷售可能非法，而且無論在哪裡、是私人或公共收藏，這些材料的法律地位也

〔圖 101〕西蒙琥珀收藏的琥珀標本，存放在德國柏林自然史博物館。

令人質疑。有些人還認為，向中國走私標本是剝奪緬甸的「化石遺產」，而緬甸從「自身科學遺產」受益。[39] 漂亮的標本價格飆升，意味著許多標本會落入收藏家與交易商之手，而不是成為研究收藏。例如，有件知名的琥珀蛇標本（圖53、54）成了持有人名下商場玩具店後方的展品。從歷史來看，私有往往無法確保長期保存，這個事實讓許多科學家感到困擾，他們認為科學工作涉及「提出與檢驗假說」，未來對所述假說的研究與審查，在工作的完整性上至關重要。[40]

二〇二〇年，緬甸琥珀的未來成為熱門話題。某些科學學會與期刊表示，對於與該國化石標本相關的材料應謹慎以待。這些保留態度與持有人的地位關係不大，而是關乎材料來源。這些材料的法律地位不明朗（即化石和寶石間的類別差異：從緬甸出口化石是非法的，但出口寶石卻合法）。

克欽邦是衝突頻傳的戰區，琥珀開採被認為是緬甸軍方的收益來源之一，助長並延長了衝突。另一方面，這也凸顯了此類工作的不公平與危險，在戰時流民營地進行琥珀加工亦有爭議。部分知名科學家現在主張以道德為由，抵制緬甸琥珀的貿易、收購與出版，強調科學的人文層面。現在，愈來愈多人呼籲科學界對其材料來源做出明智的決定，並積極協助礦區的地方社群。然而，學界同樣也有人感到不安與焦慮，認為如此一來研究標本內含物的機會將減少，可能意味著失去了解演化史的機會。[41]

地位喪失

緬甸的局勢複雜多變，不僅隨著地區事態發展而變化，在這些發展的相關資訊傳到該地區以外的研究人員手中之際也仍在變化。這種情況在本書中發生了不只一次，而且綜觀歷史，從許多事件裡可以看到地區與全球對琥珀的經驗大相徑庭；同樣地，知識的獲得與文化的喪失之間的衝突，也不是什麼新鮮事。

在全球探索的時代，以普魯士琥珀為題的作家同時被其他地方新琥珀的發現所吸引與威脅。他們饒有興致地關注並記錄著新發展，也試圖尋找任何發現的跡象。在十六與十七世紀的歐洲文獻中，「琥珀」一字用來描述各種黃色的膠質物質，其中少有真正化石化的材質——即今日琥珀定義的關鍵組成。歐洲人急於從滲透全球各地中獲益，似乎把在國外發現的大多數黃色半透明物質都當成了琥珀。一種當時稱為「印度琥珀」的物質曾受到熱切關注。普魯士的琥珀從業者擔心失去他們在歐洲的壟斷地位，也擔心失去與當時所謂「異教之地」進行貿易的機會。這類貿易大多以安特衛普港為中心，安特衛普則與印度之家（Casa da Índia）這個由葡萄牙帝國支持的貿易組織有往來，該組織在葡萄牙帝國運作，也與西班牙有聯繫。西班牙人與當地人接觸之後（約從一五一八年開始），位於貝里斯（Belize）的考古遺址證據顯示，殖民者在十六與十七世紀進口到當地的歐洲琥珀在占領早期影響了中美原住民的物質文化。歐洲琥珀珠可見於年輕人的墳墓中，由於「民族歷史證據顯示牧師專注於讓兒童改信基督教」，有人認為，琥珀珠是為了讓年輕人放棄自己的信仰和傳統而贈與。[42]

有件軼事可以讓人清楚看到葡萄牙人在將「新世界」琥珀帶到歐洲的過程所扮演的角色。來自普魯士的著名家族戈培爾，一個多世紀以來一直是該地區最重要的琥珀專家，他們倚靠在里斯本的人脈取得「印度琥珀」。他們在一五七〇年代取得的琥珀受到嚴格的檢驗。關鍵問題之一在於它的可加工性。它可以轉化成該地區工匠所掌握的商品類型嗎？他們提到，印度琥珀特別難做，為了防止材料加熱和變得黏稠，加工時必須灑水。小戈培爾認為，這表示它是完全不同的東西，也許是他所知道的芳香樹脂與柯巴樹脂。代表柯巴樹脂的 Copal 來自納瓦特語，意為「香」，似乎指墨西哥恰帕斯州的琥珀，原住民會在儀式典禮中燃燒它，或是用它製作唇塞、耳塞與耳飾（圖102）。恰帕斯州的琥珀大約有兩千五百萬年歷史，在該地區已有開採數千年的歷史。迄今在墨西哥發現最古老的考古琥珀文物出土於拉文塔（La Venta）的奧爾梅克文明遺址（Olmec site），製作於兩千七百年前。

安地列斯群島（Antilles）也有琥珀礦藏，最著名的位於多明尼加共和國。這裡過去曾稱為伊斯帕尼奧拉島（Hispaniola），克里斯多福．哥倫布（Christopher Columbus）於一四九二年在這裡下錨，據說用他的歐洲琥珀珠換了一雙當地泰諾人（Taíno）用加勒比琥珀裝飾的鞋子。傳聞，哥倫布於一四九六年回國時，當地人還送給他琥珀雕刻品。[43]如今，多明尼加共和國的琥珀是世上最受歡迎的琥珀之一。然而，直到二十世紀中期，多明尼加琥珀仍然鮮為人知。在二十世紀的大部分時間

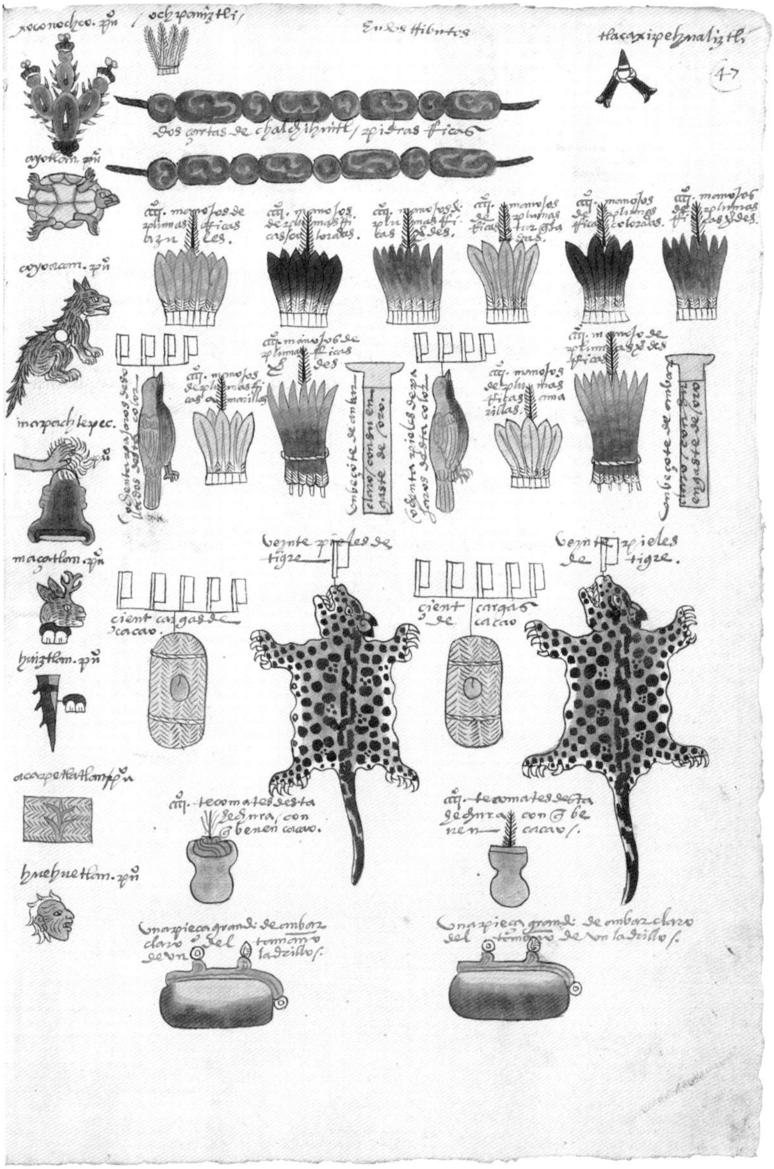

〔圖 102〕說明同盟城市向阿茲特克國王繳稅的紀錄，出自墨西哥《門多薩手抄本》（*Codex Mendoza*，16 世紀）。頂端呈喇叭狀的黃色圓柱體為琥珀塞。

〔圖 103〕范妮・蘿絲・波特（Fanny Rose Porter），即特蘭吉・派（Te Rangi Pai）公主與納提波魯部落（Ngāti Porou）酋長塔馬提・瓦卡（Tamati Waka）的雕像，約 1905 年，材質為考里松樹脂。

〔圖 104〕山水人物雕件，清代，材質為琥珀、木架。

裡，多明尼加琥珀都被當成「波羅的海」琥珀銷售，受益於後者長久以來的名氣。後來，當地通過一項法律，規定只有當地參與開採的琥珀才能出口時，這種情況發生了改變。更普遍的意識帶來更深入的研究。如今，我們知道多明尼加琥珀可以是至少三種不同樹脂的任何一種，每一種樹脂都來自不同的年代，可能也源自不同植物，完美證明了使用「琥珀」作為涵蓋性術語的陷阱。[44]

現在，芳香樹脂與柯巴樹脂被認為是類似的東西。柯巴樹脂集結了許多來自活樹的樹脂，其中只有少部分化石化，而芳香樹脂是其中硬度最高的類型。現代的芳香樹脂來自占吉巴島（Zanzibar）。不過在歷史辭典，芳香樹脂來自「新西班牙」與「東方」。英國東印度公司的商人自莫桑比克和馬達加斯加取得這種材料。戈培爾之後的兩百年，德國辭典編纂者澤德勒（J. H. Zedler）記錄道，「印度琥珀」來自另一個「印度」，即馬魯古群島（Moluccas）。[45]他參照的是一塊被運回阿姆斯特丹且重量超過八十公斤的大塊琥珀。

這塊阿姆斯特丹琥珀很可能是達瑪樹脂（Dammar Resin）。早在十五世紀，就有關於燃燒達瑪樹脂作為熱源與光源、做成珠子及用作清漆的紀錄。[46]達瑪樹脂與另一種類似琥珀的物質有關，紐西蘭北島原住民毛利人將之稱為「Kāpia」，考里松樹脂（Kauri Gum）是更廣為人知的名稱。考里松樹脂傳統上用來咀嚼、放在火把裡或燃燒以獲得紋身用的煤煙。直到十九世紀中期，考里松樹脂幾乎都是從表層礦採集而來，但隨著需求增長，人們開始從樹上採集樹脂，也挖掘更深層的礦藏，這些主要是在當地殖民的歐洲移民人口所為。大塊樹脂有時會保留下來，做成高級首領與其家人的半身像（圖103）。[47]

歐洲人對新世界樹脂的興趣並非為了尋找波羅的海琥珀的替代品。他們感興趣的是松香與松節油的來源，前者為加熱新鮮樹脂而得，後者是蒸餾新鮮樹脂製成，這些東西主要用於船舶的填縫與繩索防水等海事用途。到了十八世紀，作為其他類型表面保護劑如家具亮光漆與清漆的成分，達瑪樹脂與柯巴樹脂也變得愈來愈重要。這些商品有著紛擾的歷史。現在已經知道的是，用非洲奴隸與其後代提供的廉價勞動力沿著美國東南海岸採集與收集樹脂，造成原生森林的大量破壞。在剛果，即現在的剛果民主共和國，採集柯巴樹脂的人力被視為比利時國王的個人財產，因此這類柯巴樹脂與所有副產品都與歐洲殖民主義暴力，以及種族和文化優越性的概念密不可分。

失去神秘感

學者還沒問到，歐洲人對琥珀認知的提升以及更密切參與樹脂收購，是否與十七世紀中期波羅的海琥珀的去神秘化有關。也許波羅的海琥珀最大的損失，就是失去了它的神秘感。自古以來，歐洲作家就假設琥珀與樹脂有某種程度上的相關性，儘管林奈曾試圖為此搜集證據，在他撰寫《自然系統》（*Systema naturae*, 1735）一書之際，卻未能獲得確鑿的證據。一七五七年，米哈伊爾・瓦西里耶維奇・羅蒙諾索夫（Mikhail Vasilyevich Lomonosov）終於在呈交給聖彼得堡學院的一篇論文中，提出琥珀源自植物的證據。羅蒙諾索夫反駁了琥珀是由亞硫酸與油顆粒產生反應而成的論點，因為沒有化學家能夠複製這個過程。他也指出，琥珀的比重（相對於水的密度）非常接近松樹脂。不久後，羅蒙諾索夫的這個觀點，即琥珀是一種非常古老、非常堅硬的樹脂，已被廣泛接受。至於到底多老，學者還需要時間才能達成一致的觀點。當然，今天我們已經知道，不同的琥珀有不同的年齡。

琥珀是一種樹脂的共識（儘管是古老的樹脂），加上琥珀愈來愈容易取得，以及樹脂在日常生活的應用更為普遍，這些因素都可能結合在一起，削減琥珀作為奢侈品材料的力量，導致琥珀退流行。一七四二年，柯尼斯堡行會的成員呼籲國王，在他的國際外交上使用更多的琥珀，並「規定你的大使、大臣與朝臣注意到我們的琥珀製品……，從而讓琥珀製品更受歡迎。」[48]他們爭辯說，他們的財務狀況非常拮据，以至於無法取得他們工作所需的原料，於是政府很快頒布法令，由於學徒買不起基本的原材料，成為琥珀工匠所需考試的材料量將減少一半。正如本書其他部分所述，該產業仍在繼續，只是供應的客戶、需求與地點有所不同。

放眼全球，在乾隆皇帝統治下的中國，令人驚嘆的精細加工品很快就會達到流行的巔峰。雖然琥珀在歐洲的時運不佳，但是在中國，它作為奢侈品的地位卻上升了。當時琥珀在中國的地位如此之高，以至於工匠甚至把它拿來製作如意（因琥珀的脆弱性，這種作法完全不切實際）。這些權杖自古以來就是權威與政治權力的象徵，用於皇家儀式祭典，也作為非常高調的禮物。北京故宮博物院尚存一罕見文物，根據背面的銘文，可追溯到一七七〇年。另一篇文章解釋說，這是慈禧太后的私人禮物。這件令人讚嘆的精緻工藝品長度超過三十五公分，必然需要相當大塊的琥珀才能製作，同時對製作者的技能與材料知識也是考驗。這類工匠多數受僱於宮廷工坊，他們也精心雕琢出驚人的山景，複雜的雕刻人物穿梭其中，即使在今日也令人著迷（圖104）。

結語

本書試圖發展人類與琥珀接觸的歷史，時間至少橫跨三千年，涵蓋了南極洲以外的世界各大洲。它跨越相當長的時間框架，描繪出廣泛的層面。我們無法完全道出琥珀的所有細微差別或複雜性，特別是因為琥珀這個詞本身，無論使用哪種語言，都是歷史上與文化上相當靈活的一個標籤。如今，琥珀仍然用來描述來自廣泛地質年代與地理位置的化石化樹脂。真正的全球跨國琥珀史仍有待書寫。

本質上來說，有關這些材料的未來預測，顯然不該出現在涉及自然資源之文化史與自然史的書籍中。這類書籍側重於它們的歷史意義，這是可以理解的。然而，正如我的實驗性探索所示，對琥珀歷史的審視才剛開始。在關於困難歷史的部分尤其如此，特別是關於琥珀原石與琥珀珠在歐洲殖民主義與帝國主義所扮演的角色。處理這些令人不安的事實，是確保琥珀與其研究在現在與未來都能與時俱進、保有其價值的關鍵。

本書以一個問題破題：琥珀是什麼？幾個世紀以來，遇到琥珀的人一直在問這個問題。如今，大家都知道琥珀是一種化石化的樹脂。這個謎團解開後，未來的調查更可能著重於相關的人物、地點、方法與時間上。為了確保琥珀在未來的經濟永續性，無論琥珀來自何處，它都必須開始對環保意識更高的消費者不斷改變的期望作出回應。透明與合乎道德的材料來源至關重要。這必然意味著以更合適的方式監控從礦場到市場的全球琥珀供應鏈。展望未來，消費者肯定也會尋求得到保證，確保礦工得到公平的報酬、有安全的工作環境、不是未成年人，並在合法獲得的土地上開採，且採用對環境負責的永續性實踐。在這個氣候危機的時代，絕對不容忽視的是：未受管制的採礦本身就是一種環境災難，會造成森林砍伐、水土流失、棲息地喪失與土地退化。

每個人、每件事都可以在減緩氣候變化方面盡一份心力，琥珀也不例外。即使是最單純的消費者也能有所幫助。例如，喜歡琥珀首飾的人可以考慮購買二手琥珀，或是用環保的方式重新加工古董；他們可能也希望確保用於鑲嵌的貴金屬來源亦合乎道德。當然，對於琥珀新發現的潛力，沒有什麼比著名古昆蟲學家正在激烈公開反對出於道德與人道主義考量，而不應該研究緬甸琥珀的建議更有利的了。他們警告說，由此造成的物質與資訊損失將是「緬甸和世界其他地區科學的巨大缺憾」。[49]最近關於琥珀的驚人發現，挑戰了已確立的科學事實。隨著地球面臨前所未有的未來挑戰，作為天然時間膠囊並保存著地球演化關鍵資訊的琥珀，有望為人類與地球的未來發展提供寶貴的見解。

附注

第一章　琥珀：何物、何時、何地？

1 M. C. Bandy and J. A. Bandy, trans., Georgius Agricola: De natura fossilium (Textbook of Mineralogy) (New York, 1955), p. 71; Giuliano Bonfante, 'The Word for Amber in Baltic, Latin, Germanic, and Greek', Journal of Baltic Studies, XVI/3 (1985), pp. 316–19; and Faya Causey, 'Anbar, Amber, Bernstein, Jantar, Karabe', in Bernstein, Sigmar Polke, Amber, exh. cat., Michael Werner Gallery (New York, 2007).

2 本章參考了下列資料：Andrew Ross, Amber: The Natural Time Capsule, 2nd edn (London, 2010); Norbert Vávra, 'The Chemistry of Amber – Facts, Findings and Opinions', Ann. Naturhist. Mus. Wien, CXI/A (2009), pp. 445–74; Jorge A. Santiago-Blay and Joseph B. Lambert, 'Amber's Botanical Origins Revealed', American Scientist, XCV/2 (2007), pp. 150–57; Jean H. Langenheim, Plant Resins: Chemistry, E*volution, Ecology, Ethnobotany* (Portland, OR, 2003); David A. Grimaldi, *Amber: Window to the Past* (New York, 1996); George Poinar and Roberta Poinar, *The Quest for Life in Amber* (Reading, MA, 1994); and Helen Fraquet, *Amber* (London, 1987).

3 George Poinar and Roberta Poinar, *The Amber Forest: A Reconstruction of a Vanished World* (Princeton, NJ, 1999).

4 Alexander P. Wolfe et al., 'A New Proposal Concerning the Origin of Baltic Amber', *Proceedings of the Royal Society of London B: Biological Sciences*, CCLXXVI (2009), pp. 3403–12. 具有開創意義的研究包括：C. W. Beck, E. Wilbur and S. Meret, 'The Infrared Spectra of Amber and the Identification of Baltic Amber', *Archaeometry*, VIII (1965), pp. 96–109; and C. W. Beck at al., 'Infra-Red Spectra and the Origin of Amber', *Nature*, CCI (1964), pp. 256–7.

5 Vávra, 'The Chemistry of Amber'; F. Czechowski et al. 'Physicochemical Structural Characterisation of Amber Deposits in Poland', *Applied*

Geochemistry, XI (1996), pp. 811–34.

6 這些標題都來自二〇一六年英國廣播公司（BBC）的新聞報導。

7 David Penney and David I. Green, *Fossils in Amber: Remarkable Snapshots of Prehistoric Fossil Life* (Manchester, 2011); David Penney, ed., *Biodiversity of Fossils in Amber from the Major World Deposits* (Manchester, 2010).

8 關於最近對緬甸琥珀的處理，請見 Paul M. Barrett and Zerina Johanson, 'Myanmar Amber Fossils: A Legal as Well as Ethical Quagmire', www.nature.com, 27 October 2020; Katharine Gammon, 'The Human Cost of Amber', www.theatlantic.com, 2 August 2019; and Joshua Sokol, 'Troubled Treasure', www.sciencemag.org, 23 May 2019. Media reports and other sources are excellently summarized in 'Ethics, Science and Conflict in the Amber Mines', a special edition of the *Journal of Applied Ethical Mining of Natural Resources and Paleontology* (PMF *Journal)*, I (2020).

9 Poinar and Poinar, *The Amber Forest.*

10 Leyla J. Seyfullah et al., 'Production and Preservation of Resins – Past and Present', *Biological Reviews*, LXXXIII (2018), pp. 1684–714.

11 Nicolai Kornilowitch, 'Has the Structure of Striated Muscle of Insects in Amber Been Preserved?' (in Russian), *Prot. Obschchestva estestro pri Itper. Yurev Univ.*, XIII (1903), pp. 198–206; George Poinar and Roberta Hess, 'Ultrastructure of 40-Million-Year-Old Insect Tissue', *Science*, CCXV/4537 (1982), pp. 1241–2.

12 R. de Salle and D. Flamingo Lindley, *The Science of Jurassic Park and the Lost World; or, How to Build a Dinosaur* (London, 1998).

13 George Poinar and Roberta Poinar, *What Bugged the Dinosaurs? Insects, Disease and Death in the Cretaceous* (Princeton, NJ, 2009); Joseph Stromberg, 'A Fossilized Blood-Engorged Mosquito Is Found for the First Time Ever', www.smithsonianmag.com, 14 October 1999.

14 John Pickrell, 'Tick That Fed on Dinosaurs Trapped in Amber', www. nationalgeographic.com, 12 December 2017.

15 George Poinar, Hendrik N. Poinar and Raul J. Cano, 'DNA from Amber Inclusions', in *Ancient* DNA, ed. H. Hermann and B. Hummel (New York, 1994), pp. 92–103.

16 Lida Xing, Ryan McKellar and Jingmai O'Connor, 'An Unusually Large Bird Wing in Mid-Cretaceous Burmese Amber', *Cretaceous Research*, CX/104412 (2020)，附有關於以往發現的書目。

17 J. Fischman, 'Have 25-Million-Year-Old Bacteria Returned to Life?', *Science*, CCLXVIII/5213 (1995) p. 977.

18 Ludovico Moscardo, *Note overo Memorie del museo del Lodovico Moscardo*, 2nd edn (Venice, 1672), p. 132; Pietro Andrea Matthioli, trans.,

Il Dioscoride dell'eccellente dottor medico m. P. Andrea Matthioli da Siena con li suoi discorsi, 3rd edn (Venice, 1550), p. 143. 作者的翻譯。

19 H. R. Göppert, *Die Flora des Bernsteins und ihre Beziehungen zur Flora der Tertiärformation und der Gegenwart* (Danzig, 1883).

20 Berthold Laufer, *Historical Jottings on Amber in Asia: Memoirs of the American Anthological Association* (Lancaster, PA, 1907), vol. I, part 3, pp. 243–4, 218–20.

21 Berlin, Geheimes Staatsarchiv Preußischer Kulturbesitz, XX Hauptabteilung, Etatsministerium 16a 5, 'Abhandlung von Gregor Duncker über den Ursprung des Bernsteins als Arznei' (Treatise by Gregor Duncker on the Beginnings of Amber as a Medicine, *c.* 1538).

22 Bandy and Bandy, *De natura fossilium*, pp. 63, 71–2.

23 Andreas Aurifaber, *Succini Historia. Ein kurtzer: gründlicher Bericht woher der Agtstein oder Börnstein ursprünglich komme* (Königsberg, 1551), unpaginated.

24 'Promiscuous Inquiries, Chiefly about Cold, Formerly Sent and Recommended to Monsieur Hevelius; Together with His Answer Return'd to Some of Them', *Philosophical Transactions*, I (1665/6), pp. 344–52.

25 Karl Andrée, *Der Bernstein und seine Bedeutung in Natur- und Geisteswissenschaften, Kunst und Kunstgewerbe, Technik, Industrie und Handel* (Königsberg, 1937), p. 24. 作者的翻譯。

26 Hugo Conwentz, *Monographie der baltischen Bernsteinbäume* (Danzig, 1890).

27 Jean H. Langenheim, *Plant Resins, Chemistry, Evolution, Ecology, and Ethnobotany* (Portland, OR, 2003), p. 165.

28 Seyfullah et al., 'Production and Preservation of Resins'.

第二章　傳說與神話

1 D. E. Eichholz, trans., *Pliny: Natural History*, Loeb Classical Library (London and Cambridge, MA, 1962), vol. X, bk XXXVII, chap. XI–XII.

2 C. H. Oldfather, trans., *Diodorus of Sicily* (London, 1979), vol. III, bk v, l. 23. See also S. Dopp, 'Die Tränen von Phaethons Schwestern wurden zu Bernstein: Der Phaethon-Mythos in Ovid's "Metamorphosen"', in *Bernstein. Tränen der Götter*, ed. M. Ganzelewski and R. Slotta, exh. cat., Deutsches Bergbau-Museum (Bochum, 1996), pp. 1–10.

3 Charles Martin, trans., *Ovid: Metamorphoses* (New York and London, 2005), p. 65, l. 493.

4 Berthold Laufer, 'Historical Jottings on Amber in Asia', in *Memoirs of the American Anthropological Association* (Lancaster, PA, 1907), vol. I, part 3, pp. 243–4, p. 217.

5 Dennis Looney, 'Ferrarese Studies', in *Phaethon's Children: The Este Court and Its Culture in Early Modern Ferrara*, ed. Dennis Looney and Deanna Shemek (Tempe, AZ, 2002), pp. 1–24, here p. 1.

6 Christoforo Landino, Alessandro Vellutello and Francesco Sansovino, *Dante*, 2nd edn (Venice 1696), Canto XVII, ff. 94r–5v. 作者的翻譯。

7 Jane Davidson Reid, *The Oxford Guide to Classical Mythology in the Arts, 1300–1990s* (Oxford, 1993), pp. 888–92.

8 Louis Deroy and Robert Halleux, 'À propos du grec ἤλεκτρον "ambre" et "or blanc"', *Glotta*, LII/1.2 (1974), pp. 36–52.

9 Elisabetta Landi, 'Le Eliadi dal mito all'iconografia', in *Le lacrime delle ninfe. Tesori d'ambra nei musei dell'Emilia-Romagna*, ed. Beatrice Orsini (Bologna, 2010), pp. 37–54, here p. 45.

10 Antje Kosegarten, 'Eine Kleinplastik aus Bernstein von François du Quesnoy', *Pantheon*, XXI (1963), pp. 101–8.

11 Sophocles and Strabo cited in Eichholz, trans., *Pliny: Natural History*, vol. X, bk XXXVII, chap. XI, ll. 40–41.

12 Corinne Mandel, 'Santi di Tito's Creation of Amber in Francesco i's Scrittoio: A Swan Song for Lucrezia de' Medici', *Sixteenth Century Journal*, XXXI (2000), pp. 719–52.

13 關於琥珀在立陶宛博物館的展示，以及它在定義立陶宛文化的角色，請見 Eglė Rindzevičiūtė, 'Soviet Lithuanians, Amber and the "New Balts"', *Culture Unbound: Journal of Current Cultural Research*, II (2010), pp. 665–94.

14 Martin Zeiller, *Topographia electorat. Brandenburgici et ducatus Pomeraniæ* (Topography of the Electorship of Brandenburg and the Duchy of Pomerania) (Frankfurt am Main, 1652), pp. 5, 16, 43.

15 John Evelyn, *Sylva; or, A Discourse of Forest-Trees, and the Propagation of Timber in His Majesties* [*sic*] *Dominions* (London, 1664), p. 37.

16 Eichholz, trans., *Pliny: Natural History*, vol. X, bk XXXVII, chap. XI, l. 44.

17 Gaius Iulius Solinus, *Delle cose maravigliose del mondo* (Venice, 1559), p. 118. 作者的翻譯。

18 M. C. Bandy and J. A. Bandy, trans., *Georgius Agricola: De natura fossilium (Textbook of Mineralogy)* (New York, 1955), p. 71.

19 D. E. Eichholz, trans., *Theophrastus: De lapidibus* (Oxford, 1965), chap. v, ll. 28–32; D. E. Eichholz, 'Some Mineralogical Problems in Theophrastus' *De Lapidibus*', *Classical Quarterly*, NS XVII/1 (1967), pp. 103–9.

20 John Hill, trans., *Theophrastus's History of Stones* (London, 1746), pp. 74–5.

21 Ludovico Moscardo, *Note overo Memorie del museo del Lodovico Moscardo*, 2nd edn (Venice, 1672), p. 132. 作者的翻譯。

22 引述自 Lynn Thorndike, *A History of Magic and Experimental Science* (New York, 1941), p. 455.

23 Alan Cook, 'A Roman Correspondence: George Ent and Cassiano dal Pozzo, 1637–55', *Notes and Records of the Royal Society*, LIX/1 (2005), pp. 5–23, doc. 6, dated 5 November 1639.

24 Pietro Carrera, Delle memorie historiche della città *di Catania* (Catania, 1639), vol. I, pp. 512–13. 作者的翻譯。

25 Paolo Boccone, *Museo di fisica e di esperienze* (Venice, 1697), p. 35. 作者的翻譯。

26 Mercedes Murillo-Barroso et al., 'Amber in Prehistoric Iberia: New Data and a Review', PLOS ONE, XIII/8 (2018), pp. 1–36; C. W. Beck, Edith C. Stout and Karen M. Wovkulich, 'The Chemistry of Sicilian Amber', in *Amber in Archaeology: Proceedings of the Fourth International Conference on Amber in Archaeology, Talsi,* 2001, ed. C. W. Beck, Ilze B. Loze and Joan M. Todd (Riga, 2003), pp. 17–33.

27 W. A. Buffum, *The Tears of the Heliades; or, Amber as a Gem* (London, 1896), p. 21.

28 Oldfather, *Diodorus of Sicily*, vol. III, bk v, l. 23.

29 Helen Fraquet, *Amber* (London, 1987), pp. 102–9.

30 Antonio di Paolo Masini, *Bologna perlustrata* (Bologna, 1650), p. 180; Giovanni Ignazio Molina, *Memorie di storia naturale* (Bologna, 1821), pp. 88–9 on this amber.

31 範例來自 Boccone, *Museo*, pp. 33–4.

32 提出討論者為 Buffum, *The Tears of the Heliades*, pp. 96–100.

第三章 祖先與琥珀

1 Randall White and Christian Normand, 'Early and Archaic Aurignacian Personal Ornaments from Isturitz Cave: Technological and Regional Perspectives', in *Aurignacian Genius: Art, Technology and Society of the First Modern Humans in Europe, Proceedings of the International Symposium,* 8–10 *April* 2013, ed. R. White and R. Bourrillon (New York, 2015), pp. 138–64.

2 Mercedes Murillo-Barroso et al., 'Amber in Prehistoric Iberia: New Data and a Review', PLOS ONE, XIII/8 (2018), pp. 1–36.

3 Roger Jacobi, 'The Late Upper Palaeolithic Lithic Collection from Gough's Cave, Cheddar, Somerset and Human Use of the Cave', *Proceedings of the Prehistoric Society*, LXX (2004), pp. 1–92; 參考克雷斯韋爾峭壁博物館（Creswell Crags Museum）二〇一三年二月至二〇一四年三月的展覽「波羅的海的瑰寶」（提出討論者為 S. Jackson, 'A Baltic Gem Explores the Mystery of an Amber Pebble at Creswell Crags', www.culture24.org.uk, 19 November 2013）; Nicky Milner et al., 'A Unique Engraved Shale Pendant from the Site of Star Carr: The Oldest Mesolithic Art in Britain', *Internet Archaeology*, XL (2015), at www.intarch.ac.uk.

4 C. W. Beck and Stephen Shennan, *Amber in Prehistoric Britain* (Oxford, 1991); Stephen Shennan, 'Amber and Its Value in the British Bronze Age', in *Amber in Archaeology: Proceedings of the Second International Conference on Amber in Archaeology, Liblice, 1990*, ed. C. W. Beck, Jan Bouzek and Dagmar Dreslerová (Prague, 1993), pp. 59–66.

5 Helle Vandkilde, 'A Review of the Early Late Neolithic Period in Denmark: Practice, Identity and Connectivity', *Offa-Journal*, LXI/LXII (2004/5), pp. 75–109; Lasse Sørensen, *From Hunter to Farmer in Northern Europe: Migration and Adaptation during the Neolithic and Bronze Age* (Oxford, 2014).

6 Marius Iršėnas, 'Stone Age Amber Figurines from the Baltic Area', *Acta Academiae Artium Vilnensis*, XXII (2001), pp. 77–85; 'Elk Figurines in the Stone Age Art of the Baltic Area', *Acta Academiae Artium Vilnensis*, XX (2000), pp. 93–105.

7 Stephen Veil et al., 'A 14,000-Year-Old Amber Elk and the Origins of Northern European Art', *Antiquity*, LXXXIII/333 (2012), pp. 660–73.

8 Ilona R. Bausch, 'The Materiality and Social Value of Amber Objects during the Middle Jomon in Japan', *Analecta Praehistorica Leidensia*, XLIII/44 (2012), pp. 221–34.

9 Mike Reich and Joachim Reitner, *Aus der Königsberger Bernsteinsammlung 'Schwartzorter Funde'* (Göttingen, 2014).

10 J.-H. Bunnefeld and Lutz Martin, 'Von der Ostsee nach Assur – Zum Bernsteinaustauch im frühen 2. Jt. V. Chr.', in *Die Welt der Himmelscheibe von Nebra – Neue Horizonte*, ed. H. Meller and M. Schefzik (Halle, 2020), pp. 161–3.

11 Anna J. Mukerjee et al., 'The Qatna Lion: Scientific Confirmation of Baltic Amber in Late Bronze Age Syria', *Antiquity*, LXXXII (2008), pp. 49–59.

12 Christoph Bachhuber, 'Aegean Interest on the Uluburun Ship', *American Journal of Archaeology*, CX/3 (2006), pp. 345–63.

13 Sørensen, *From Hunter to Farmer*, pp. 242, 248.

14 A. T. Murray, trans., *Homer: The Odyssey* (Cambridge, MA, and London, 1919), bk XVIII, l. 295.

15 Joseph Maran, 'Bright as the Sun: The Appropriation of Amber Objects in Mycenaean Greece', in *Mobility, Meaning and the Transformations of Things*, ed. Hans Peter Hahn and Hadas Weiss (Oxford and Oakville, CT, 2013), pp. 147–69. 亦可參考專刊 'Studies in Baltic Amber', *Journal of Baltic Studies*, XVI/3 (1985).

16 A. T. Olmstead, 'Amber Statuette of Ashur-nasir-apal King of Assyria (885–860 B.C.)', *Bulletin of the Museum of Fine Arts*, XXXVI/218 (1938), pp. 78–83; Oscar White Muscarella, *The Lie Became Great: The Forgery of Ancient Near Eastern Cultures* (Groningen, 2000), pp. 177–8; M. Heltzer, 'On the Origin of Near Eastern Archaeological Amber', in *Languages and Cultures in Contact: At the Crossroads of Civilizations in the Syro- Mesopotamian Realm. Proceedings of the 42nd* RAI 1995, ed. Karel van Lerberghe (Leuven, 1999), pp. 169–76.

17 關於這件琥珀，參考 C. W. Beck, Gretchen C. Southard and Audrey B. Adams, 'Analysis and Provenience of Minoan and Mycenaean Amber, II. Tyrins', *Greek, Roman and Byzantine Studies*, IX (1968), pp. 5–19.

18 Harry Carter, trans., *The Histories of Herodotus of Helicarnassus* (London, 1962), bk IV, ll. 33–5.

19 普林尼引用尼西阿斯的觀點：參考 D. E. Eichholz, trans., *Pliny: Natural History*, Loeb Classical Library (London and Cambridge, MA, 1962), vol. X, bk XXXVII, chap. XI, l. 36.

20 Andrew Ross and Alison Sheridan, *Amazing Amber* (Edinburgh, 2013) pp. 23–30.

21 Paul Ashbee, 'The Bronze Age Gold, Amber and Shale Cups from Southern England and the European Mainland: A Review Article', *Archaeologia Cantiana*, CXXVIII (2008), pp. 249–69.

22 兩項容易取得的出色調查分別是 Faya Causey, *Amber and the Ancient World* (Los Angeles, CA, 2012); and Faya Causey, *Ancient Carved Ambers in the J. Paul Getty Museum* (Los Angeles, CA, 2012).

23 Cecile Brøns, 'Dress and Identity in Iron Age Italy: Fibulas as Indicators of Age and Biological Sex, and the Identification of Dress and Garments', *Babesch*, LXXXVII (2012), pp. 45–68, here p. 56.

24 Dirk Krausse and Nicole Ebinger, 'Die Keltenfürstin von Herbertingen. Entdeckung, Bergung und wissenschaftliche Bedeutung des neuen hallstattzeitlichen Prunkgrabs von der Heuneburg', *Denkmalpflege in Baden-Württemberg*, IV (2001), pp. 202–7.

25 Carter, trans., *The Histories*, bk III, l. 115.

26 引述自 Jules Oppert, *L'ambre jaune chez les Assyriens* (Paris, 1880).

27 Eichholz, trans., *Pliny: Natural History*, vol. X, bk XXXVII, chap. XI, l. 35.

28 P. L. Cellarosi et al., eds, *The Amber Roads: The Ancient Cultural and Commercial Communication between the Peoples. Proceedings of the 1st International Conference on Ancient Roads, San Marini, 3–4 April* 2014 (Rome, 2016); Harry Fokkens and Anthony Harding, *The Oxford Handbook of the European Bronze Age* (Oxford, 2013).

29 參考網站 www.betty-bernstein.at.

30 許曉東，《中國古代琥珀藝術》(*Zhongguo gu dai hu po yi shu/Chinese Ancient Amber Art*) (Beijing, 2011), p. 36.

31 同上。

32 同上，p. 37; Berthold Laufer, *Historical Jottings on Amber in Asia: Memoirs of the American Anthological Association* (Lancaster, PA, 1907), vol. I, part 3, pp. 243–4, 234.

33 許曉東，《中國古代琥珀藝術》(*Chinese Ancient Amber Art*), p. 38: Dian Chen et al., 'Baltic Amber or Burmese Amber: FTIR Studies on Amber Artifacts of Eastern Han Dynasty Unearthed from Nanyang', *Spectrochimica Acta Part A: Molecular and Biomolecular Spectroscopy*, CCXXII (2019), pp. 1–5; Jenny F. So, 'Scented Trails: Amber as Aromatic in Medieval China', *Journal of the Royal Asiatic Society*, XXIII/1 (2013), pp. 85–101; Filippo Salviati and Myrna Myers, *The Language of Adornment: Chinese Ornaments of Jade, Crystal, Amber and Glass. From the Neolithic Period to the Qing Dynasty* (Paris, 2002).

34 許曉東，《中國古代琥珀藝術》(*Chinese Ancient Amber Art*), p. 40.

35 'Rare Amber Found in Han Dynasty's Tomb', www.chinadaily.com, 15 December 2015; 此處引用的其他例子來自 So, 'Scented Trails'.

36 許曉東，《中國古代琥珀藝術》(*Chinese Ancient Amber Art*), p. 46.

37 Eichholz, trans., *Pliny: Natural History*, vol. X, bk XXXVII, chs XI–XII.

38 G. G. Ramsay, *The Satires of Juvenal and Persius* (London, 1918), Satire XIV.

39 J. B. Rives, trans., *Tacitus: Germania* (Oxford and New York, 1999), chap. XLV, l. 4.

40 Maria Carina Calvi, *Aquileia. Le amber romane* (Aquileia, 2005); Maria Luisa Nava and Antonio Salerno, eds, *Ambre. Trasparenze dall'antico*, exh. cat., Museo archaeologico nazionale, Naples (Milan, 2007).

41 Audronė Bliujienė, *Northern Gold: Amber in Lithuania (c. 100 to c. 1200)* (Leiden, 2011); Florin Curta, 'The Amber Trail in Early Medieval Eastern Europe', in *Paradigms and Methods in Early Medieval Studies*, ed. Felice Lifshitz and Celia Chazelle (New York, 2007),

pp. 61–79.

42 T. Hodgkin, *The Letters of Cassiodorus: Being a Condensed Translation of the 'Variae Epistolae'* (London, 1886), pp. 265–6.

43 Mette Langbroek, 'All That Is Gold Does Not Glitter: A Study on the Merovingian Use and Exchange of Amber in the Benelux and the German Lower Rhine Area', MA thesis, University of Leiden, 2016.

44 Sue Harrington and Martin Welch, *The Early Anglo-Saxon Kingdoms of Southern Britain,* AD 450–650 (Oxford, 2014), pp. 155, 157, 158.

45 許曉東，《中國古代琥珀藝術》(*Chinese Ancient Amber Art*), p. 49.

46 Bonnie Cheng, 'Fashioning a Political Body: The Tomb of a Rouran Princess', *Archives of Asian Art*, LVII (2007), pp. 23–49.

47 許曉東，《中國古代琥珀藝術》(*Chinese Ancient Amber Art*), p. 53.

48 許曉東，《中國古代琥珀藝術》，第三章。

49 關於黎巴嫩琥珀的最新書目，請參考 Sibelle Maksoud, Khaled Taleb and Dany Azar, 'Four New Lower Barremian Amber Outcrops from Northern Lebanon', *Palaeoentomology*, II/4 (2019), pp. 333–9.

50 Julie Scott Meisami, *Medieval Persian Court Poetry* (Princeton, nj, 1987), pp. 82–3 and p. 99 n. 31.

51 Coleman Barks, 'After Being in Love, the Next Responsibility', in Jelaluddin Rumi, *The Rumi Collection* (Boston, MA, and London, 2005), p. 154; and Nevit Ergin with Camille Helminski, 'Rebab and Ney', ibid., p. 160.

52 Laufer, *Historical Jottings*, p. 240.

53 O. Zelentsova, I. Kuzina and S. Milovanov, 'Amber Trade in Medieval Rus: The Current State and Prospects for Research', in *The International Amber Researcher Symposium. Amber. Deposits – Collections – The Market*, ed. B. Kosmowska-Ceranowicz, Wiesław Gierłowski and Elzbieta Sontag (Gdańsk, 2013), pp. 79–80.

54 許曉東，《中國古代琥珀藝術》，第三與四章關於寮國琥珀的部分。

55 Niamh Whitfield, 'Hunterston/Tara Type Brooches Reconsidered', in *Making Histories: Proceedings of the Sixth International Conference of Insular Art, York* 2011, ed. Jane Hawkes (Donnington, 2013), pp. 145–61.

56 Bente Magnus, 'The Importance of Amber in the Viking Period in the Nordic Countries', in *Amber in Archaeology: Proceedings of the Fourth International Conference on Amber in Archaeology, Talsi,* 2001, ed. C. W. Beck, Ilze B. Loze and Joan M. Todd (Riga, 2003), pp. 126–38.

第四章　挖掘琥珀

1 D. E. Eichholz, trans., *Pliny: Natural History*, Loeb Classical Library (London and Cambridge, MA, 1962), vol. X, bk XXXVII, chap. XI, l. 42.

2 J. B. Rives, trans., *Tacitus: Germania* (Oxford and New York, 1999), chap. XLV, l. 4.

3 G.A.L. Johnson and D. L. Schofield, 'The F. A. Paneth Collection of East Prussian Amber', *Geological Curator*, v/6 (1991, for 1988), pp. 219–24, here p. 219.

4 D. Wyckoff, trans., *Albertus Magnus: Book of Minerals* (Oxford, 1967), p. 121. 詞源字典將中世紀拉丁語 ambrum 及其義大利方言衍生詞 ambro 或 ambra 的最早使用時間定為十三世紀晚期。

5 Lothar Dralle, 'Der Bernsteinhandel des Deutschen Ordens in Preußen, vornehmlich zu Beginn des 16. Jahrhunderts', *Hansische Geschichtsblätter*, XCIX (1981), pp. 61–72.

6 'Simonis Grunovii, Monachi Ordinis Praedicatorum Tolkemitani Chronici', in P. J. Hartmann, *Succini Prussici physica et civilis historia* (Frankfurt, 1677), pp. 154–64. 作者的翻譯。

7 據稱為一名牧師在其教堂的垃圾堆裡發現的巫術審判原始紀錄。翻譯成英文後，奧斯卡・王爾德（Oscar Wilde）稱之為他最喜歡的故事之一，並交由威廉・文森・華萊士（William Vincent Wallace）配樂（一八六一年）。這則故事由社交名流露西・達夫－戈登夫人（Lady Duff Gordon）重新翻譯，並由菲利普・伯恩－瓊斯（Philip Burne-Jones）繪製插畫，方為維多利亞時代的暢銷書。

8 Edward Rosen, trans., *Three Copernican Treatises: The Commentariolus of Copernicus, the Letter against Werner, the Narratio Prima of Rheticus*, 3rd edn (New York, 1971), p. 189.

9 Simon Grunau, 'Preußische Chronik', in *Die preußischen Geschichtsschreiber des 16. und 17. Jahrhunderts*, ed. Max Perlbach, R. Philippi and P. Wagner (Leipzig, 1896), vol. i.3, pp. 49–54. 作者的翻譯。

10 M. C. Bandy and J. A. Bandy, trans., *Georgius Agricola: De natura fossilium (Textbook of Mineralogy)* (New York, 1955), pp. 74–6.

11 Andreas Aurifaber, *Succini historia. Ein kurtzer: gründlicher Bericht woher der Agtstein oder Börnstein ursprünglich komme* (Königsberg, 1551), unpaginated.

12 建議的距離出自 Wilhelm Runge, *Der Bernstein in Ostpreussen. Zwei Vorträge, Sammlung gemeinverständlicher wissenschaftlicher Vorträge*

(Berlin, 1868), p. 9.

13 Darren Boyle, 'Amber Galore! Modern-Day Gold Rush on Russian Coastline as Fossilized Tree Resin Washes Up on the Shore', www.dailymail.co.uk, 13 January 2015.

14 Berlin, GStAPK, XX HA, Etatsministerium 16a 6 (Schriftwechsel mit den Bernsteinmeistern Hans Fuchs und Siegmund Fuchs über Betrieb des Bernsteinwesens (1543–71)), 3r.

15 Severin Göbel, *Historj vnd Eigendtlicher bericht von herkommen ursprung und vielfeltigen brauch des Börnsteins* (Königsberg, 1566), unpaginated. 作者的翻譯。

16 Berlin, GStAPK, XX HA, Etatsministerium 16a 15 (Bernstein- und Strandordnungen (1625–96)), ff. 90r–v; Berlin, GStAPK, XX HA, Etatsministerium 16a 23 (Verzeichnis von Bernsteinsorten). 作者的翻譯。

17 'List of Open Selling Prices of Amber Production of jsc Kaliningrad Amber Factory', *Baltic Jewellery News*, XXXVIII (March 2020), p. 114.

18 Karl Gottfried Hagen, 'Geschichte der Verwaltung des Börnsteins in Preußen . . . Von der Zeit des Ordens bis zur Regierung König Friedrich i', *Beiträge zur Kunde Preussens*, VI/1 (1824), pp. 1–41; Wilhelm Tesdorpf, *Gewinnung, Verarbeitung und Handel des Bernsteins in Preußen von der Ordenszeit bis zur Gegenwart* (Jena, 1887).

19 Karl Heinz Burmeister, 'Georg Joachim Rheticus as a Geographer and His Contribution to the First Map of Prussia', *Imago Mundi*, XXIII (1969), pp. 73–6.

20 Rosen, trans., *Three Copernican Treatises*, p. 189.

21 Yulia Varyga, 'Kaliningrad Scientist Presents Initiatives in the Field of Interdisciplinary Amber Education', *Baltic Jewellery News*, XXXIV (March 2018), pp. 38–9.

22 Michael J. Czajkowski, 'Amber from the Baltic', *Mercian Geologist*, XVII/2 (2009), pp. 86–92, here p. 90.

23 Aurifaber, *Succini historia*, unpaginated; Caspar Schütz, *Historia rerum Prussicarum: Wahrhaffte und eigentliche Beschreibung der Lande Preussen* (Leipzig, 1599), p. 50.

24 Karl Gottfried Hagen, 'Geschichte der Börnsteingräbereien in Ostpreussen und besonders der auf bergmännische Art veranstalteten', *Beiträge zur Kunde Preussens*, VI/3 (1824), pp. 200–227, here p. 201.

25 Katharine Gammon, 'The Human Cost of Amber', www.theatlantic.com, 2 August 2019.

26 Capt. R. Boileau Pemberton, 'Abstract of the Journal of a Route Travelled by Capt. S. F. Hannay of the 40th Regiment Native Infantry, from the Capital of Ava to the Amber Mines of the Húkong Valley on the South-East Frontier of Assam', *Journal of the Asiatic Society of Bengal* (1837). 一八七三年版本可參閱網站 www.soas.ac.uk.

27 同上。

28 William Griffith, *Journals of Travels in Assam, Burma, Bhootan, Afghanistan and the Neighbouring Countries* (London (?), 1847), p. 77.

29 Anna Małka, 'Dawne kopalnie i metody eksploatacji złoża bursztynu bałtyckiego', *Biuletyn Państwowego Instytutu Geologicznego*, CDXXXIX (2010), pp. 491–506; Rainer Slotta, 'Die Bernsteingewinnung im Samland (Ostpreußen) bis 1945', in *Bernstein. Tränen der Götter*, ed. M. Ganzelewski and R. Slotta, exh. cat., Deutsches Bergbau-Museum (Bochum, 1996), pp. 169–214.

30 被稱為「藍土」，最早由地質學家恩斯特・古斯塔夫・扎達赫（Ernst Gustav Zaddach）確認，'Das Tertiärgebirge Samlands', *Schriften der Physicalisch-Ökonomische Gesellschaft* (1867), vol. VIII.

31 Ulf Erichson, ed., *Die Staatliche Bernstein-Manufaktur Königsberg:* 1926–1945 (Ribnitz-Damgarten, 1998).

32 'The Kaliningrad Amber Combine Has Changed Vector of Development', *Baltic Jewellery News*, XXXIV (March 2018), pp. 40–41.

33 T. S. Volchetskaya, H. M. Malevski and N. A. Rener, 'The Amber Industry: Development, Challenges and Combating Amber Trafficking in the Baltic Region', *Baltic Region*, IX/4 (2017), pp. 87–96.

34 Danis Kazansky, 'How Ministry of Internal Affairs Protects Illegal Amber Digging near Olevsk', *Baltic Jewellery News*, XXXIV (March 2018), pp. 8–11; 'From Ukraine with Love', *Baltic Jewellery News*, XXXIV (March 2018), pp. 14–15; 'The Underground Economy of Amber: A Destabilizing Threat to Ukraine', *Baltic Jewellery News*, XXXVIII (March 2020), pp. 10–11.

35 'The Ministry of Environment Urges Bigger Penalties for Illegal Amber Mining', *Baltic Jewellery News*, XXXIV (March 2018), pp. 18–19.

第五章　製作與造假

1 C. P. Odriozola et al., 'Amber Imitation? Two Unusual Cases of Pinus Resin-Coated Beads in Iberian Late Prehistory (3rd and 2nd millennia BC)', PL*O*S ONE, XIV/5 (2019), unpaginated.

2 Berthold Laufer, *Historical Jottings on Amber in Asia: Memoirs of the American Anthropological Association* (Lancaster, PA, 1907), vol. I, part 3, pp. 243–4.

3 Bianca Silvia Tosatti, ed., *Il manoscritto veneziano: un manuale di pittura e altre arti – miniatura, incisione, vetri, vetrate e ceramiche – di medicina, farmacopea e alchimia del Quattrocento* (Cassina de'Pechi, 1991).

4 改寫自尤金尼奧・拉加齊（Eugenio Ragazzi）提供的譯文，'Historical Amber/How to Make Amber', www.ambericawest.com, accessed 19 September 2021.

5 Ladislao Reti, 'Le arti chimiche di Leonardo da Vinci', *La chimica e l'industria*, XXXIV (1952), pp. 655–721.

6 D. E. Eichholz, trans., *Pliny: Natural History*, Loeb Classical Library (London and Cambridge, MA, 1962), vol. X, bk XXXVII, chap. XII, l. 47.

7 *Vocabolario degli Accademici della Crusca*, 5th edn (Venice, 1741), p. 113. 作者的翻譯。

8 Andreas Aurifaber, *Succini historia. Ein kurtzer: gründlicher Bericht woher der Agtstein oder Börnstein ursprünglich komme* (Königsberg, 1551), unpaginated. 作者的翻譯。

9 Johannes Kentmann, 'Nomenclaturae rerum fossilium, que in Misnia praecpue, & in alijs quoque regionibus inveniunter', in *De omni rerum fossilium genere, gemmis, lapidibus, metallis et huiusmodi*, ed. Conrad Gessner (Zurich, 1565), 22r–24r. 作者的翻譯。

10 Nathanael Sendel, *Historia succinorum corpora aliena involvientum et naturae opere pictorum et caelatorum* (Leipzig, 1742).

11 Laufer, *Historical Jottings*, p. 221.

12 許曉東，《中國古代琥珀藝術》(*Zhongguo gu dai hu po yi shu/Chinese Ancient Amber Art*) (Beijing, 2011), p. 6.

13 Laufer, *Historical Jottings*, p. 219.

14 同上，p. 242.

15 這個英文譯本來自約翰・雅各布・韋克（Johann Jacob Wecker），*Eighteen Books of the Secrets of Art and Nature* (London, 1660), p. 233.

16 Laufer, *Historical Jottings*, p. 218.

17 'Refashioning the Renaissance Team, Imitation Amber and Imitation Leopard Fur', www.aalto.fi, accessed 19 September 2021; Sophie Pitman, 'Una corona di ambra falsa: Imitating Amber Using Early Modern Recipes', www.refashioningrenaissance.eu, 30 April 2020.

18 Johann Heinrich Zedler, *Grosses vollständiges Universal Lexicon aller Wissenschafften und Künste* (Halle and Leipzig, 1733), vol. III, col. 1401.

19 Johann Christian Kundmann, *Rariora naturae* (Wrocław and Leipzig, 1726), pp. 219–26.

20 參考阿爾弗雷德・羅德（Alfred Rohde）文內提及的一七五一年琥珀浮標，*Bernstein: Ein deutscher Werkstoff. Seine künstlerische Verarbeitung vom Mittelalter bis zum* 18. *Jahrhundert* (Berlin, 1937), fig. 330；相關討論參考 Friedrich Samuel Bock, *Versuch einer kurzen Naturgeschichte des Preußischen Bernsteins und einer neuen wahrscheinlichen Erklärung seines Ursprunges* (Königsberg, 1767), p. 146. 關於羅伯特・波以耳（Robert Boyle）使用琥珀浮標的討論，參考 Charles Singer, *A History of Technology* (New York and London, 1957), vol. III, p. 22.

21 John Houghton, *A Collection for the Improvement of Husbandry and Trade* (London, 1727), vol. II, p. 64.

22 Hugh Plat, *The Jewell House of Art and Nature* (London, 1594), pp. 67–8.

23 關於這些資料來源的進一步細節，參考 Rachel King, 'To Counterfeit Such Precious Stones as You Desire: Amber and Amber Imitations in Early Modern Europe', in *Fälschung, Plagiat, Kopie: künstlerische Praktiken in der Vormoderne*, ed. Birgit Ulrike Münch (Petersburg, 2014), pp. 87–97.

24 Stanislaus Reinhard Acxtelmeier, *Hokus-pokeria, oder, Die Verfälschungen der Waaren im Handel und Wandel* (Ulm, 1703), p. 24.

25 D.R.S. Shackleton Bailey, trans., *Martial: Epigrams*, 3rd edn (Cambridge and London 1993), vol. I, bk III, epi. 65.

26 M. C. Bandy and J. A. Bandy, trans., *Georgius Agricola: De natura fossilium (Textbook of Mineralogy)* (New York, 1955), p. 77.

27 Adrian Christ, 'The Baltic Amber Trade, *c.* 1500–1800: The Effects and Ramifications of a Global Counterflow Commodity', MA thesis, University of Alberta, 2018, p. 112.

28 關於琥珀分類的資訊，取自國際琥珀協會琥珀實驗室（IAA Amber Laboratory）製作的手冊。

29 參考 Mats Eriksson and George Poinar, 'Fake It Till You Make It – The Uncanny Art of Forging Amber', *Geology Today*, XXXI/1 (2015), pp. 21–7; and D. A. Grimaldi et al., 'Forgeries of Fossils in "Amber": History, Identification and Case Studies', *Curator*, XXXVII (1994), pp. 251–74.

30 'The Amber Mining Market Structure Compared with the World's Diamond Market', PMF *Journal*, I (2020), pp. 25–7.

31 Eichholz, trans., *Pliny: Natural History*, vol. X, bk XXXVII, chap. XI, l. 46.

32 J. B. Rives, trans., *Tacitus: Germania* (Oxford and New York, 1999), chap. XLV, l. 5.

33 Laufer, *Historical Jottings*, pp. 218–20.

34 同上，pp. 218, 235 and 238.

35 Severin Göbel, *Historj und Eigendtlicher bericht von herkommen ursprung und vielfeltigen brauch des Börnsteins neben andern saubern*

Berckhartzen (Königsberg, 1566). 作者的翻譯。

36 引述自 Bock, *Versuch einer kurzen Naturgeschichte*, p. 35.

37 Miaoyan Wang and Lida Xing, 'A Brief Review of Lizard Inclusions in Amber', *Biosis: Biological Systems*, i (2020), pp. 39–53; Gabriela Gierlowska, *On Old Amber Collections and the Gdańsk Lizard* (Gdańsk, 2005).

38 Johann Pomarius' *Der köstliche Agstein oder Bornstein* (Magdeburg, 1587)，可能類似於其中所描述的念珠。

39 Luca Fielding, *Sir Thomas More: A Selection from His Works* (Baltimore, MD, 1841), p. 315.

40 Rachel King, 'Collecting Nature Within Nature: Animal Inclusions in Amber in Early Modern Collections', in *Collecting Nature*, ed. Andrea Gáldy and Sylvia Heudecker (Newcastle upon Tyne, 2014), pp. 1–18.

41 Rachel King, '"The Beads with Which We Pray Are Made from It": Devotional Ambers in Early Modern Italy', in *Religion and the Senses in Early Modern Europe*, ed. Wietse de Boer and Christine Göttler (Leiden, 2013), pp. 153–75.

42 Francesco Scarabelli and Paolo Maria Terzago, *Museo ò galeria adunata dal sapere, e dallo studio del signore canonico Manfredo Settala* (Tortona, 1666), pp. 56–61. 作者的翻譯，以及 Cristina Cappellari 的協助。

43 Ronald Gobiet, ed., *Der Briefwechsel zwischen Philipp Hainhofer und Herzog August d. J. von Braunschweig-Lüneburg* (Munich, 1984), pp. 424–5. 作者的翻譯。

44 關於這些與其他資料來源，參考 King, 'Collecting Nature Within Nature'.

45 Kundmann, *Rariora naturae*, pp. 219–26. 作者的翻譯。

46 Bock, *Versuch einer kurzen Naturgeschichte*, pp. 64, 66–9. 作者的翻譯。

47 Shackleton Bailey, trans., *Martial*, vol. II, bk VI, epi. 15.

48 此譯本出自 Giambattista della Porta, *Natural Magick* (London, 1658), pp. 130–31, 186–8.

49 Francis Bacon, *Sylva sylvarum; or, A Naturall Historie: In Ten Centuries* (London, 1626), p. 33.

50 Vatican City, Vatican Apostolic Archive, Miscellanea Armadio, XV.80 (Itinerario di Iacomo Fantuzzi da Ravenna nel partire di Polonia dell 1652), ff. 25r–27v. Printed editions are: Piotr Salwa and Wojciech Tygielski, eds, *Giacomo Fantuzzi: Diario del viaggio europeo (1652)* (Warsaw and Rome, 1998); and Wojciech Tygielski, ed., *Giacomo Fantuzzi: Diariusz podróży po Europie (1652)* (Warsaw, 1990). See also Shackleton Bailey, trans., *Martial*, vol. I, bk IV, epi. 32.

51 James O'Brien, *The Scientific Sherlock Holmes: Cracking the Case with Science and Forensics* (Oxford and New York, 2013), p. 157.

52 Alexander Pope, *An Epistle from Mr Pope, to Dr Arbuthnot* (London, 1735), vol. I, pp. 9, 167–70.

53 Bacon, *Sylva*, p. 33.

54 譯文出自 Della Porta, *Natural Magick*, pp. 186–8.

55 Kundmann, *Rariora naturae*, pp. 219–26; and Johann Georg Keyssler, *Travels through Germany, Bohemia, Hungary, Switzerland, Italy and Lorrain*, 2nd edn (1757–8), vol. I, p. 432.

56 W.R.B. Crighton and Vincent Carrió, 'Photography of Amber Inclusions in the Collections of National Museums Scotland', *Scottish Journal of Geology*, XLIII/2 (2007), pp. 89–96.

57 David Penney et al., 'Extraction of Inclusions from (Sub)fossil Resins, with Description of a New Species of Stingless Bee in Quarternary Colombian Copal', *Paleontological Contributions*, VII (May 2013), pp. 1–6. For the most recent developments, see E.-M. Sadowski et al., 'Conservation, Preparation and Imaging of Diverse Ambers and Their Inclusions', *Earth-Science Reviews*, CCXX (2021), unpaginated.

第六章　裝飾的琥珀

1 J. B. Rives, trans., *Tacitus: Germania* (Oxford and New York, 1999), chap. XLV, ll. 4–6.

2 Robert Hellbeck, 'Die Staatliche Bernstein-Manufaktur als Trägerin der Preußischen Bernstein-Tradition', in *Preußische Staatsmanufakturen; Ausstellung der Preußischen Akademie der Künste zum* 175*jährigen Bestehen der Staatlichen Porzellan-Manufaktur* (Berlin, 1938), pp. 103–7.

3 See Rachel King, 'Bernstein. Ein deutscher Werkstoff?', in *Ding, Ding, Ting: Objets médiateurs de culture, espaces germanophone, néerlandophone et nordique*, ed. Kim Andringa et al. (Paris, 2016), pp. 101–20.

4 Ulf Erichson, ed., *Die Staatliche Bernstein-Manufaktur Königsberg: 1926–1945* (Ribnitz-Damgarten, 1998), p. 23. 作者的翻譯。

5 Wilhelm Bölsche, 'Der deutsche Bernstein', *Velhagen und Klassings Monatshefte*, II (1934/5), pp. 89–90. 作者的翻譯。

6 Erichson, ed., *Die Staatliche Bernstein-Manufaktur Königsberg*, and Hellbeck, 'Die Staatliche Bernstein-Manufaktur', pp. 105–7.

7 Alfred Rohde, *Das Buch vom Bernstein*, 2nd edn (Königsberg, 1941), p. 21.

8 'Bernstein als urdeutsche Schmuck', *Die Goldschmiedekunst*, XIX (1933), p. 433. 作者的翻譯。

9 Alan Crawford, *C. R. Ashbee: Architect, Designer and Romantic Socialist* (New Haven, CT, and London, 1985), p. 350.

10 Rainer Slotta, 'Bernstein als besonderer Werkstoff', in *Bernstein. Tränen der Götter*, ed. M. Ganzelewski and R. Slotta, exh. cat., Deutsches Bergbau- Museum (Bochum, 1996), pp. 433–8.

11 Michael Ganzelewski, 'Bernstein – Ersatzstoffe und Imitationen', in *Bernstein. Tränen der Götter*, ed. Ganzelewski and Slotta, pp. 475–81, especially pp. 476–8.

12 Norbert Vávra, 'Bernstein und Bernsteinverarbeitung im Alten Wien', in *Bernstein. Tränen der Götter*, ed. Ganzelewski and Slotta, pp. 483–91.

13 金匠詹姆斯・考克斯（James Cox）的名片，位於倫敦弗利特街（Fleet Street）拉奎特法院（Racquet Court）的金甕（Golden Urn），大英博物館埃布羅斯・希爾爵士（Sir Ambrose Heal）的名片收藏。

14 Eugen von Czihak, 'Der Bernstein als Stoff des Kunstgewerbes', in *Die Grenzboten. Zeitschrift für Politik, Literatur und Kunst* (Berlin and Leipzig, 1899), pp. 179–89, 288–98.

15 Gesellschaft zur kunstgewerblichen Verwertung des Bernsteins GmbH.

16 Von Czihak, 'Der Bernstein als Stoff des Kunstgewerbes', pp. 288–9. 作者的翻譯。

17 Georg Malkowsky, 'Das samländische Gold in Paris', in *Die Pariser Weltausstellung in Wort und Bild*, ed. Georg Malkowsky (Berlin, 1900), p. 138. 作者的翻譯。

18 Otto Pelka, *Bernstein* (Berlin, 1920), p. 136. 作者的翻譯。

19 同上。

20 Bettina Müller, 'Werke von Toni Koy, Goldschmiedin in Königsberg', www.ahnen-spuren.de, 19 September 2018; Jan Holschuh, Hans Werner Hegemann and Max Peter Maass, *Jan Holschuh – Bernstein, Elfenbein, Aluminium*, exh. cat., Deutsches Elfenbeinmuseum (Erbach, 1981); *Der Bildhauer Prof. Hermann Brachert:* 1890–1972. *Austellung zum* 100. *Geburtstag, Plastiken, Bernsteinarbeiten, Zeichnungen*, exh. cat. (Ravensburg, 1990).

21 'Simonis Grunovii, Monachi Ordinis Praedicatorum Tolkemitani Chronici', in P. J. Hartmann, *Succini Prussici physica et civilis historia* (Frankfurt, 1677), pp. 154–64, here pp. 156–7; Andreas Aurifaber, *Succini historia. Ein kurtzer: gründlicher Bericht woher der Agtstein oder Börnstein ursprünglich komme* (Königsberg, 1551), unpaginated. 作者的翻譯。

22 Laurier Turgeon, 'French Beads in France and Northeastern North America during the Sixteenth Century', *Historical Archaeology*, XXXV/4

(2001), pp. 58–9, 61–82.

23 Dirk Syndram and Jochen Vötsch, eds, *Die kürfürstlich-sächsische Kunstkammer in Dresden* (Dresden, 2010), Das Inventar von 1587, ff. 232v/249v.

24 Turgeon, 'French Beads in France and Northeastern North America during the Sixteenth Century'.

25 Vatican City, Vatican Apostolic Archive, Miscellanea Armadio XV.80 (Itinerario di Iacomo Fantuzzi da Ravenna nel partire di Polonia dell 1652), ff. 25r–27v. Printed editions are: Piotr Salwa and Wojciech Tygielski, eds, *Giacomo Fantuzzi: Diario del viaggio europeo (1652)* (Warsaw and Rome, 1998); and Wojciech Tygielski, ed., *Giacomo Fantuzzi: Diariusz podróży po Europie (*1652*)* (Warsaw, 1990).

26 Wilhelm Tesdorpf, *Gewinnung, Verarbeitung und Handel des Bernsteins in Preußen von der Ordenszeit bis zur Gegenwart* (Jena, 1887), pp. 28, 109.

27 同上。

28 R. Schuppius, 'Das Gewerk der Bernsteindreher in Stolp', *Baltische Studien*, XXX (1928), pp. 105–99, here p. 114.

29 摘自一七四五年柯尼斯堡行會的雕像，引自 Gisela Reineking von Bock, *Bernstein, das Gold der Ostsee* (Munich, 1981), p. 36.

30 Turgeon, 'French Beads in France and Northeastern North America during the Sixteenth Century'.

31 Eugene H. Byrne, 'Some Medieval Gems and Relative Values', *Speculum*, X (1935), pp. 177–87.

32 例如，M. Grazia Nico Ottaviani, ed., *La legislazione suntuaria, secoli XIII–XVI: Umbria* (Rome, 2005), p. 50.

33 M. C. Bandy and J. A. Bandy, trans., *Georgius Agricola: De natura fossilium (Textbook of Mineralogy)* (New York, 1955), p. 76.

34 Wilhelm Stieda, 'Lübische Bernsteindreher oder Paternostermacher', *Mittheilungen des Vereins für Lübeckische Geschichte und Alterthumskunde*, II/7 (1885), pp. 97–112, here p. 109.

35 Jemima Kelly, 'Amber Growth Turns Red as Oversupply Knocks Value', www.ft.com, 30 May 2019.

36 Adrian Christ, *The Baltic Amber Trade, c. 1500–1800: The Effects and Ramifications of a Global Counterflow Commodity*, MA thesis, University of Alberta, 2018, pp. 50–57.

37 最近一項出色的研究為 Moritz Jäger, 'Mit Bildern beten: Bildrosenkränze, Wundenringe, Stundengebetsanhänger (1413–1600). Andachtsschmuck im Kontext spätmittelalterlicher und frühneuzeitlicher Frömmigkeit', PhD thesis, Geissen University, 2014.

38 *The Four Epistles of A. G. Busbequius, concerning His Embassy into Turkey* (London, 1694), p. 211.

39 Robert de Berquen, *Les Merveilles des Indes orientales et occidentales; ou, Nouveau traitte des pierres precieuses et perles* (Paris, 1669), p. 98;

Ulisse Aldrovandi, *Musaeum metallicum in libros* IV (Bologna, 1648), p. 416.

40 Olga Pinto, ed., *Viaggi di C. Federici e G. Balbi alle Indie orientali* (Rome, 1962), pp. 97, 118–19; Pietro Della Valle, *Viaggi descritti in 54 lettere familiari, in tre parti, cioè la Turchia, la Persia e l'India* (Rome, 1650), vol. I, p. 737.

41 Pierre Pomet, *Histoire générale des drogues, traitant des plantes, des animaux, et des mineraux* (Paris, 1694), p. 84. 作者的翻譯。

42 Robert Howe Gould, trans., *Théophile Gautier: Constantinople of To-Day* (London, 1854), pp. 117–18.

43 Ronald Gobiet, ed., *Der Briefwechsel zwischen Philipp Hainhofer und Herzog August d. J. von Braunschweig-Lüneburg* (Munich, 1984), p. 289. 作者的翻譯。

44 Aurifaber, *Succini historia*; Anselmus de Boodt, *Le Parfaict joaillier; ou, Histoire des pierreries* (Lyons, 1644), pp. 410–29, especially pp. 418–22.

45 John Houghton, *A Collection for the Improvement of Husbandry and Trade* (London, 1727), vol. II, p. 65. See also D. E. Eichholz, trans., *Pliny: Natural History*, Loeb Classical Library (London and Cambridge, MA, 1962), vol. X, bk XXXVII, chap. XXII, l. 51, 關於琥珀與兒童疾病。關於琥珀與兒童疾病。Farah Abdulsatar et al., 'Teething Necklaces and Bracelets Pose Significant Danger to Infants and Toddlers', *Paediatrics and Child Health*, XXIV/2 (May 2019), pp. 132–3.

46 劉潞，〈一部規範清代社會成員行為的圖譜，關於《皇朝禮器圖式》的幾個問題〉，《故宮博物院院刊》，二〇〇四年第四期，頁 130-44。亦參考許曉東，《中國古代琥珀藝術》(*Zhongguo gu dai hu po yi shu/Chinese Ancient Amber Art*) (Beijing, 2011); and Barry Till, *Soul of the Tiger: Chinese Amber Carvings from the Reif Collection* (Victoria, BC, 1999), p. 19.

47 英文摘自 *The History of That Great and Renowned Monarchy of China . . . lately written in Italian by F. Alvarez Semedo* (London, 1655), p. 9.

48 許曉東，《中國古代琥珀藝術》(*Chinese Ancient Amber Art*), pp. 61–70.

49 John Cordy Jeaffreson, ed., *Middlesex County Records* (London, 1886), vol. I, bill dated 10 April 1583.

50 John M. Riddle, 'Amber: An Historical-Etymological Problem', in *Laudatores temporis acti: Studies in Memory of Wallace Everett Caldwell*, ed. Gyles Mary Francis and Davis Eugene Wood (Chapel Hill, NC, 1964), pp. 110–20.

51 Bandy and Bandy, *De natura fossilium*, p. 76.

52 德文 Bernstein，荷蘭文 barnsteen，波蘭文 bursztyn，匈牙利文 borostyn 與瑞典文 bärnsten。

53 Joseph Browne, *A Practical Treatise of the Plague, and All Pestilential Infections That Have Happen'd in This Island for the Last Century*, 2nd

edn (London, 1720), p. 50.

54 Berlin, Geheimes Staatsarchiv Preussischer Kulturbesitz, XX Hauptabteilung, Etatsministerium 16a 5, 'Abhandlung von Gregor Duncker über den Ursprung des Bernsteins als Arznei' (Treatise by Gregor Duncker on the Beginnings of Amber as a Medicine, *c.* 1538), ff. 2r–4v.

55 Giuseppe Donzelli, *Teatro farmaceutico, dogmatico, e spagirico*, 3rd edn (Rome, 1677), pp. 399–400. 作者的翻譯。

56 Aurifaber, *Succini historia*, unpaginated; Johann Wigand, *Vera historia de succino Borussica* (Jena, 1590); and John Bate, *The Mysteries of Nature and Art: In Four Severall Parts*, 3rd edn (London, 1654), p. 217.

57 Sarah Kettley, *Designing with Smart Textiles* (London and New York, 2016), p. 12.

58 Aurifaber, *Succini historia*, unpaginated. 作者的翻譯。

59 John M. Riddle, 'Pomum ambrae: Amber and Ambergris in Plague Remedies', *Sudhoffs Archiv für Geschichte der Medizin und der Naturwissenschaften*, XLVIII/2 (1964), pp. 111–22.

60 *A Collection of Very Valuable and Scarce Pieces Relating to the Last Plague in the Year 1665* (London, 1721), p. 85.

61 同上，p. 234.

62 Oskar Doering, ed., *Des Augsburger Patricier's Philipp Hainhofer Beziehungen zum Herzog Philipp* II. *von Pommern–Stettin* (Vienna, 1894), p. 98; and Oskar Doering, *Des Augsburger Patriciers P. Hainhofer Reisen nach Innsbruck und Dresden* (Vienna, 1901), pp. 260, 263 n. 17.

63 許曉東，《中國古代琥珀藝術》。

64 *An Embassy from the East-India Company of the United Provinces, to the Grand Tartar Cham Emperor of China*, 2nd edn (London, 1673), pp. 304, 313–14.

65 Christ, *The Baltic Amber Trade*, pp. 21 n. 32, 105.

66 同上，pp. 98, 105.

67 Engelbert Kaempfer 引自同上，p. 106.

68 Alessandro Rippa and Yi Yang, 'The Amber Road: Cross–Border Trade and the Regulation of the Burmite Market in Tengchong, Yunnan', *TRANS: Trans-Regional and -National Studies of Southeast Asia*, V/2 (2017), pp. 243–67.

69 Helen Fraquet, *Amber* (London, 1987), pp. 84–101.

70 英文摘自 *The History of That Great and Renowned Monarchy of China . . . lately written in Italian by F. Alvarez Semedo* (London, 1655), p. 9.

71 'Huge Amber Deposit Discovered in India', www.phys.org, 25 October 2010.
72 D. E. Eichholz, trans., *Pliny: Natural History*, Loeb Classical Library (London and Cambridge, MA, 1962), vol. X, bk XXXVII, chap. XI, l. 37.
73 Tansen Sen, 'The Impact of Zheng He's Expeditions on Indian Ocean Interactions', *Bulletin of SOAS*, LXXIX/3 (2016), pp. 606–36, here p. 623.
74 Donald F. Lach, *Asia in the Making of Europe* (Chicago, IL, and London, 1977), vol. II, pp. 11, 15 and 117.
75 Richard Dafforne, *The Apprentices Time-Entertainer Accomptantly; or, A Methodical Means to Obtain the Exquisite Art of Accomptantship*, 3rd edn (London, 1670), p. 13.
76 Archibald Constable, trans., *Travels in the Mogul Empire,* AD 1656–1668 (Westminster, 1891), p. 200.
77 Sud Chonchirdsin, 'A Vietnamese Lord's Letter to the East India Company', www.blogs.bl.uk, 15 October 2018.
78 Christ, *The Baltic Amber Trade*, p. 99. Conversion undertaken using www.nationalarchives.gov.uk /currency-converter.
79 R. Schuppius, 'Das Gewerk der Bernsteindreher in Stolp', *Baltische Studien*, XXX (1928), pp. 105–99, here p. 155. 作者的翻譯。
80 Henry William Bristow, *A Glossary of Mineralogy* (London, 1861), p. 12.
81 Marie-José Opper and Howard Opper, 'Diakhité: A Study of the Beads from an 18th–19th-Century Burial Site in Senegal, West Africa', *BEADS: Journal of the Society of Bead Researchers*, I/4 (1989), pp. 5–20, here pp. 7, 15.
82 Christ, *The Baltic Amber Trade*, pp. 76–77, translation Christ.
83 Opper and Opper, 'Diakhité', p. 8.
84 Cheryl J. LaRoche, 'Beads from the African Burial Ground, New York City: A Preliminary Assessment', *BEADS*, VI/4 (1994), pp. 3–30. See also Erik R. Seeman, *Death in the New World: Cross Cultural Encounters,* 1492–1800 (Philadelphia, PA, 2001), pp. 215–16.
85 'Warrants etc: August 1701, 1–10', in *Calendar of Treasury Books,* vol. XVI: *1700–1701*, ed. William A. Shaw (London, 1938), pp. 334–54, available online at www.british-history.ac.uk.
86 Günter Kuhn, 'Bernsteingeld aus dem Sudan', *Der Primitivgeldsammler*, XXIII/1–2 (2002), pp. 22–5. This term is far from neutral, and the word 'negro' here might be easily replaced with a more offensive related one.
87 *The Life and Travels of Mungo Park* (New York, 1854), pp. 28, 43, 45, 49, 52–3, 65, 76, 172–3, 176, 182, 185, 187, 199, 206 and 208.
88 Brantz Mayer, *Captain Canot; or, Twenty Years of an African Slaver* (New York, 1865), pp. 174, 179.
89 Peter Francis Jr, 'Beadmaking in Islam: The African Trade and the Rise of Hebron', *BEADS*, II/5 (1990), pp. 15–28, here p. 17.

90 Vincent Perrichot et al., conference paper: 'The Age and Paleobiota of Ethiopian Amber Revisited', 5th International Paleontological Congress, Paris, 9–13 July 2018.

91 Karlis Karklins and Norman F. Barka, 'The Beads of St Eustatius, Netherlands Antilles', *BEADS*, I/7 (1989), pp. 55–80.

92 Jadwiga Łuszczewska, *Polish Amber* (Warsaw, 1983), pp. 34–5.

93 Rosanna Falabella, 'Imitation Amber Beads of Phenolic Resin from the African Trade', *BEADS*, XXVIII (2016), pp. 3–15.

94 Lourdes S. Domínguez, 'Necklaces Used in the Santería of Cuba', *BEADS*, XVIII/4 (2005), pp. 3–18.

95 John Browne, *An Essay on Trade in General; and, on That of Ireland in Particular* (Dublin, 1728), p. 111.

96 Antonino Mongitóre, *Della Sicilia ricercata* (Palermo, 1742–3).

97 Patrick Brydone, *A Tour through Sicily and Malta in a Series of Letters to William Beckford*, 3rd edn (London, 1774), vol. I, p. 282.

98 Francesco Ferrara, *Memorie sopra il Lago Naftia nella Sicilia meridionale: sopra l'ambra siciliana; sopra il mele ibleo e la città d'Ibla Megara; sopra Nasso e Callipoli* (Palermo, 1805), p. 95.

99 同上，pp. 90–91.

100 W. A. Buffum, *The Tears of the Heliades; or, Amber as a Gem* (London, 1896), and Yvonne J. Markowitz, 'Necklace in the Archeological Revival Style', in Yvonne J. Markowitz, *Artful Adornments: Jewelry from the Museum of Fine Arts* (Boston, MA, 2011), pp. 84–5.

101 Elizabeth McCrum, 'Irish Victorian Jewellery', *Irish Arts Review*, II/1 (1985), pp. 18–21.

102 Miriam Krautwurst, 'Reinhold Vasters – ein niederrheinischer Goldschmied des 19. Jahrhunderts in der Tradition alter Meister: sein Zeichnungskonvolut im Victoria & Albert Museum, London', PhD thesis, Trier University, 2003.

103 G. G. Ramsay, *The Satires of Juvenal and Persius* (London, 1918), satire V.

104 Youssef Kadri, 'Stöcke mit Bernstein Griffen und Knäufen', *Der Stocksammler*, XXIX (1999), pp. 65–75.

105 Dr Wall, 'Experiments of the Luminous Qualities of Amber, Diamonds, and Gum Lac, by Dr. Wall, in a Letter to Dr Sloan, R. S. Secr', *Philosophical Transactions*, XXVI (1705) pp. 69–76, here pp. 71–2.

106 elektron 一字有兩個意思。第一為琥珀。第二指一種金銀合金，用於珠寶、鑄幣、板材與金屬裝飾——我們今天使用的 electrum（中文作銀金礦或琥珀金）一字仍有此意義。參考 R. W. Wallace, 'Origin of Electrum Coinage', *American Journal of Archaeology*, XCI/3 (1987), pp. 385–97.

107 'America and West Indies: October 1711', in *Calendar of State Papers Colonial, America and West Indies: Volume 26, 1711–1712*, ed. Cecil Headlam (London, 1925), pp. 110–33, available online at www.british-history.ac.uk.

108 Columbia University Medical Center, 'Amber-Tinted Glasses May Provide Relief for Insomnia', www.sciencedaily.com, 15 December 2017.

第七章　藝術的琥珀

1 D. E. Eichholz, trans., *Pliny: Natural History*, Loeb Classical Library (London and Cambridge, MA, 1962), vol. X, bk XXXVII, chap. XII, l. 48.

2 Rachel King, 'Rethinking the Oldest Surviving Amber in the West', *Burlington Magazine*, CLV/1328 (2013), pp. 756–63.

3 同上。

4 同上。

5 'm. 39: Unqore joiaux de la chapelle d'argent enorrez', in *Richard II and the English Royal Treasure: Inventory*, ed. Jenny Stratford (Woodbridge, 2012), pp. 249–52, n. 1180.

6 Johann Georg Keyssler, *Travels through Germany, Bohemia, Hungary, Switzerland, Italy and Lorrain* (London, 1756/7), vol. II, p. 126.

7 Sabine Haag, 'Paulus, Andreas, Matthias, Johannes, Judas, Thaddäus, Matthäus', in *Bernstein für Thron und Altar: das Gold des Meeres in fürstlichen Kunst- und Schatzkammern*, ed. Wilfried Seipel, exh. cat., Kunsthistorisches Museum, Vienna (Milan, 2005), cat. no. 86a–f.

8 Haag, 'Großer Bernsteinaltar', ibid., cat. no. 85.

9 Karl Gottfried Hagen, 'Geschichte der Verwaltung des Börnsteins in Preußen Zweiter Abschnitt. Von Friedrich I bis zur jetzigen Zeit', *Beiträge zur Kunde Preussens*, VI/3 (1824), pp. 177–99, here pp. 185–6.

10 譯文出自 Perceval Landon, *Nepal*, 2nd edn (New Delhi, 1993), p. 234.

11 Aldo Ricci, trans., *The Travels of Marco Polo* (London, 1950), p. 182.

12 Corneille Jest, 'Valeurs d'échange en Himalaya et au Tibet: L'ambre et le musc', in *De la voûte céleste au terroir, du jardin au foyer*, ed. Bernard Koechlin et al. (Paris, 1987), pp. 227–30.

13 Marjorie Trusted, *Catalogue of European Ambers in the Victoria and Albert Museum* (London, 1985), pp. 48–51.

14 關於英語的歷史，請見 Elzbieta Mierzwińska, *The Great Book of Amber* (Malbork, 2002).

15 Hermann Ehrenberg, *Die Kunst am Hofe der Herzöge von Preussen* (Leipzig, 1899), p. 198, doc. dated 12 June 1563. 作者的翻譯。

16 Andreas Aurifaber, *Succini historia. Ein kurtzer: gründlicher Bericht woher der Agtstein oder Börnstein ursprünglich komme* (Königsberg, 1551), unpaginated. 作者的翻譯。

17 同上。

18 Antoine Maria Gratiani, *La Vie du Cardinal Jean François Commendon* (Paris, 1671), p. 200. 作者的翻譯。

19 Rachel King, 'Objective Thinking: Early Modern Objects in Amber with Curative, Preservative and Medical Functions', in *Amber in the History of Medicine: Proceedings of the International Conference*, ed. Tatiana J. Suvorova, Irina A. Polyakova and Christopher J. Duffin (Kaliningrad, 2016), pp. 80–94.

20 Rachel King, 'The Reformation of the Rosary Bead: Protestantism and the Perpetuation of the Amber Paternoster', in *Religious Materiality in the Early Modern World*, ed. Suzanna Ivanič, Mary Laven and Andrew Morrall (Amsterdam, 2019), pp. 193–210.

21 Linda Martino, 'Le ambre Farnese del Museo di Capodimonte', in *Ambre: trasparenze dall'antico*, ed. Maria Luisa Nava and Antonio Salerno, exh. cat., Museo archaeologico nazionale, Naples (Milan, 2007), pp. 32–7, cat. no. i.1.

22 Lorenz Seelig, 'Vogelbauer aus Bernstein', in *Die Münchner Kunstkammer*, ed. Dorothea Diemer, Peter Diemer and Lorenz Seelig (Munich, 2008), vol. i, pp. 153–4 n. 411.

23 Susanne Netzer, 'Bernsteingeschenke in der Preussischen Diplomatie des 17. Jahrhunderts', *Jahrbuch der Berliner Museen*, XXXV (1993), pp. 227–46, here p. 230. 作者的翻譯。

24 Sabine Haag, 'Einblicke in die Bernsteinsammlung des Kunsthistorischen Museums', in *Bernstein für Thron und Altar: das Gold des Meeres in fürstlichen Kunst- und Schatzkammern*, ed. Wilfried Seipel, exh. cat., Kunsthistorisches Museum, Vienna (Milan, 2005), pp. 15–21, here p. 19. 作者的翻譯。

25 關於這些琥珀及丹麥皇家的琥珀藏品，參考 Mogens Bencard, 'Märchenhafte Steine aus dem Meer. Die Bernsteinsammlung der Kunstkammer in Schloss Rosenborg, Copenhagen', *Kunst und Antiquitäten*, VI (1987), pp. 22–34.

26 Alfred Rohde, *Bernstein: Ein deutscher Werkstoff. Seine künstlerische Verarbeitung vom Mittelalter bis zum* 18. *Jahrhundert* (Berlin, 1937), p. 21.

27 Aurifaber, *Succini historia*.

28 有關卡塞爾藏品中的琥珀，參考其中各條目：Ekkehard Schmidberger, Thomas Richter and Michaela Kalusok, eds, *SchatzKunst,*

800–1800. *Kunsthandwerk und Plastik der Staatlichen Museen Kassel im Hessischen Landesmuseum* (Wolfratshausen, 2001).

29 Jutta Kappel, 'Zur Geschichte der Bernsteinsammlung des Grünen Gewolbes. "Kunststucklein von Adtsteinen"', in *Bernsteinkunst aus dem Grünen Gewölbe*, ed. Jutta Kappel (Dresden, 2005), pp. 9–23, here p. 13.

30 Giovanna Gaeta Bertelà, *La Tribuna di Ferdinando I de' Medici: inventari, 1589–1631* (Modena, 1997), pp. 63–9.

31 Detlef Heikamp, 'Zur Geschichte der Uffizien-Tribuna und der Kunstschränke in Florenz und Deutschland', *Zeitschrift für Kunstgeschichte*, XXVI (1963), pp. 193–268.

32 Ronald Gobiet, ed., *Der Briefwechsel zwischen Philipp Hainhofer und Herzog August d. J. von Braunschweig-Lüneburg* (Munich, 1984), pp. 519–20 and 522, docs 958 and 964.

33 關於此收藏，參考 Marilena Mosco, 'Maria Maddalena of Austria. Amber', in *The Museo degli Argenti: Collections and Collectors*, ed. Marilena Mosco and Ornella Casazza, 5th edn (Florence, 2007), pp. 96–107.

34 Georg Laue, 'Bernsteinarbeiten aus Königsberg für die Kunstkammern Europas: Der Meister Georg Schreiber und seine Werkstatt', in *Bernstein für Thron und Altar: das Gold des Meeres in fürstlichen Kunst- und Schatzkammern*, ed. Wilfried Seipel, exh. cat., Kunsthistorisches Museum, Vienna (Milan, 2005), pp. 23–7.

35 Fynes Moryson, *An Itinerary Written by Fynes Moryson Gent. First in the Latine Tongue, and Then Translated by Him into English* (London, 1617), p. 50.

36 關於他的琥珀，參考 Francesco Scarabelli and Paolo Maria Terzago, *Museo ò galeria adunata dal sapere, e dallo studio del signore canonico Manfredo Settala* (Tortona, 1666), pp. 56–61. 作者的翻譯，以及 Cristina Cappellari 的協助。

37 Lodovico Dolce, *Libri tre; ne i quali si tratta delle diverse sorti delle gemme, che produce la natura* (Venice, 1565), pp. 86–7.

38 Kirsten Aschengreen-Piacenti, 'Due altari in ambra al Museo degli Argenti', *Bolletino d'Arte*, IV/51 (1966), pp. 163–6.

39 Rachel King, '"The Beads with Which We Pray Are Made from It": Devotional Ambers in Early Modern Italy', in *Religion and the Senses in Early Modern Europe*, ed. Wietse de Boer and Christine Göttler (Leiden, 2013), pp. 153–75, here p. 173.

40 'Simonis Grunovii, Monachi Ordinis Praedicatorum Tolkemitani Chronici', in P. J. Hartmann, *Succini Prussici physica et civilis historia* (Frankfurt, 1677), pp. 154–64, here pp. 156–7. 作者的翻譯。

41 Rachel King, 'Whose Amber? Changing Notions of Amber's Geographical Origin', www.kunsttexte.de (2014).

42 關於此委託創作的詳盡討論，參考 Amy Goldenberg, 'Polish Amber Art', PhD thesis, University of Indiana, 2004.

43 Kerstin Hinrichs, 'Bernstein "das Preußische Gold" in Kunst- und Naturalienkammern und Museen des 16.–20. Jahrhunderts', PhD thesis, Humboldt University, Berlin, 2006, pp. 167–70.

44 Jacek Bielak, 'Mecenat miasta Gdańska wobec bursztynnictwa. Przyczynek do semantyki wyrobów rzemiosła w podarunkach dyplomatycznych nowożytnego miasta', in *Bursztyn jako dobro turystyczne basenu Morza Bałtyckiego*, ed. Janusz Hochleitner (Elbląg, 2008), pp. 39–60. 作者的翻譯。

45 Karl Gottfried Hagen, 'Geschichte der Verwaltung des Börnsteins in Preußen . . . Von der Zeit des Ordens bis zur Regierung König Friedrich I', *Beiträge zur Kunde Preussens*, VI/1 (1824), pp. 1–41, here p. 35; and *Studien zum diplomatischen Geschenkwesen am brandenburgisch-preußischen Hof im* 17. *und* 18. *Jahrhundert* (Berlin, 2006), p. 73.

46 Lorenzo Legati, *Museo Cospiano annesso a quello del famoso Ulisse Aldrovandi e donato alla sua patria dall'illustrissimo signor Ferdinando Cospi* (Bologna, 1677), pp. 48–50.

47 Rachel King, 'The Puzzle of the Amber Lace Frame from Malbork', *Bursztynisko*, XLII (2018), pp. 8–10.

48 'Wycieczka do Gdańsku' (1858), cited in English in Jadwiga Łuszczewska, *Polish Amber* (Warsaw, 1983), pp. 34–5.

49 Johann Georg Keyssler, *Travels through Germany, Bohemia, Hungary, Switzerland, Italy, and Lorrain* (London, 1756/7), vol. I, p. 432.

50 Nehemiah Grew, *Musaeum regalis societatis; or, A Catalogue and Description of the Natural and Artificial Rarities Belonging to the Royal Society, and Preserved at Gresham Colledge* (London, 1685), pp. 178–9.

51 R. Smirnov and E. Petrova, trans., *The Baltic Amber from the Collection in the State Hermitage Museum* (St Petersburg, 2007); Larissa A. Jakolewna, 'Bernstein in der Petrinischen Kunstkammer', in *Palast des Wissens. Die Kunst- und Wunderkammer Zar Peters des Grossen*, ed. Brigitte Buberl and Michael Dueckershoff (Munich, 2006), pp. 259–63; and *Objets d'Art in Amber from the Collection of the Catherine Palace Museum, 17th–20th Centuries* (St Petersburg, 1990).

52 W. A. Buffum, *The Tears of the Heliades; or, Amber as a Gem* (London, 1896). See Kristina Preussner, 'The Tears of the Heliades: The William Arnold Buffum Collection of Amber', MA thesis, Bard College, New York, 2009.

53 Adam Koperkiewicz and Joanna Grążawska, eds, *Muzeum Bursztynu: Nowy Oddział – Muzeum Historycznego Miasta Gdańska* (Gdańsk, 2007); Renata Adamowicz and Katarzyna Zelazek, *Bursztynowe art déco. O bursztynie w dwudziestoleciu międzywojennym*, exh. cat.,

Muzeum Bursztynu Oddział Muzeum Gdańska, Gdańsk (Gdańsk, 2018).

54 *Bernstein, Sigmar Polke, Amber*, exh. cat., Michael Werner Gallery (New York, 2007).

第八章　失落的琥珀

1 Yvonne Shashoua et al., 'Raman and ATR–FTIR Spectroscopies Applied to the Conservation of Archaeological Baltic Amber', *Journal of Raman Spectroscopy*, XXXVII/10 (2006), pp. 1221–7.

2 Johann Georg Keyssler, *Travels through Germany, Bohemia, Hungary, Switzerland, Italy and Lorrain* (London, 1756/7), vol. I, p. 432.

3 Linda Martino, 'Le ambre Farnese del Museo di Capodimonte', in *Ambre: trasparenze dall'antico*, ed. Maria Luisa Nava and Antonio Salerno, exh. cat., Museo archaeologico nazionale, Naples (Milan, 2007), pp. 32–7, here p. 32, citing the letter dated 9 May 1756 from Giovanni Maria della Torre.

4 例如可參考 Gianluca Pastorelli, 'Archaeological Baltic Amber: Degradation Mechanisms and Conservation Measures', PhD thesis, University of Bologna, 2009.

5 最近關於標本的討論可見 E.-M. Sadowski et al., 'Conservation, Preparation and Imaging of Diverse Ambers and their Inclusions', *Earth-Science Reviews*, CCXX (2021), unpaginated.

6 C. Scott-Clark and A. Levy, *The Amber Room: The Fate of the World's Greatest Lost Treasure* (New York, 2004); Maurice Remy, *Mythos Bernsteinzimmer* (Munich, 2006).

7 Sabine Haag, 'Einblicke in die Bernsteinsammlung des Kunsthistorischen Museums', in *Bernstein für Thron und Altar: das Gold des Meeres in fürstlichen Kunst- und Schatzkammern*, ed. Wilfried Seipel, exh. cat., Kunsthistorisches Museum, Vienna (Milan, 2005), pp. 15–21, here p. 19.

8 Andreas Aurifaber, *Succini historia. Ein kurtzer: gründlicher Bericht woher der Agtstein oder Börnstein ursprünglich komme* (Königsberg, 1551). 作者的翻譯。

9 薩克森的恩斯特於一六五一年寫給選帝侯腓特烈・威廉一世的信，引自 *Studien zum diplomatischen Geschenkwesen am brandenburgisch-preußischen Hof im* 17. *und* 18. *Jahrhundert* (Berlin, 2006), p. 270. 作者的翻譯。

10 'Amber Room: Priceless Russian Treasure Stolen by Nazis "Discovered by German Researchers"', www.independent.co.uk, 19 October 2017.

11 *Verlustdokumentation der Gothaer Kunstsammlungen* (Wechmar, 1997), vol. I.

12 Stiftung Schloss Friedenstein, Press Release no. 14108, Exhibition: 'Das Gold des Nordens. Die Rückgewinnung eines Bernsteinkästchens', 7 December 2008–1 March 2009.

13 See www.lostart.de.

14 Johann Wigand, *Vera historia de succino Borussica* (Jena, 1590), f. 30v.

15 M. T. W. Payne, 'An Inventory of Queen Anne of Denmark's "Ornaments, Furniture, Householde Stuffe, and Other Parcells" at Denmark House, 1619', *Journal of the History of Collections*, XIII/1 (2001), pp. 23–44; and O. Millar, 'The Inventories and Valuations of the King's Goods, 1649–1651', *Volume of the Walpole Society*, XLIII (1970), pp. iii–458.

16 參考轉載於以下的目錄清單：Paola Barocchi and Giovanna Gaeta Bertelà, *Collezionismo mediceo e storia artistica* (Florence, 2005), vol. II, pp. 558–688, f. 25v. 作者的翻譯。

17 Richard Lassels, *The Voyage of Italy; or, A Compleat Journey through Italy* (Paris, 1670), pp. 167–8.

18 Keyssler, *Travels through Germany, Bohemia, Hungary, Switzerland, Italy and Lorrain*, vol. I, p. 431.

19 Otto Pelka, *Bernstein* (Berlin, 1920), p. 46.

20 See Susanne Netzer, 'Bernsteingeschenke in der Preussischen Diplomatie des 17. Jahrhunderts', *Jahrbuch der Berliner Museen*, XXXV (1993), pp. 227–46, here p. 232; and Jeanette Falcke, *Studien zum diplomatischen Geschenkwesen am brandenburgisch-preußischen Hof im 17. und 18. Jahrhundert* (Berlin, 2006), pp. 242–3.

21 作者的翻譯。已知雷德林的相關概要總結，參見最近的報導 Kevin E. Kandt and Gerd-Helge Vogel, 'Christoph Maucher in Danzig: Episodes from the Life of a Baroque Wanderkünstler in Central Europe and Some Observations on the Social Status of Artists during the Early Modern Period', *Ikonotheka*, XXII (2010), pp. 181–207 nn. 72 and 89.

22 Gisela Reineking von Bock, *Bernstein, das Gold der Ostsee* (Munich, 1981), pp. 122–3, figs 186–7.

23 Susanne Netzer, 'Neuerwerbung: Ein Bernsteinrahmen für das Kunstgewerbemuseum', *Museums-Journal*, I/6 (1992), pp. 38–9.

24 William Bray, ed., *Diary and Correspondence of John Evelyn, F.R.S.* (London, 1850), vol. II, p. 329.

25 Payne, 'An Inventory', pp. 23–44.

26 Michaela Kusok, 'Prunkspiegel in Epitaphform', in *SchatzKunst, 800–1800. Kunsthandwerk und Plastik der Staatlichen Museen Kassel im Hessischen*

Landesmuseum, ed. Ekkehard Schmidberger, Thomas Richter and Michaela Kalusok (Wolfratshausen, 2001), pp. 170–71, cat. no. 68.

27 Falcke, *Studien zum diplomatischen Geschenkwesen*, p. 122.

28 Pelka, *Bernstein*, p. 51.

29 Jadwiga Łuszczewska, *Polish Amber* (Warsaw, 1983), p. 16.

30 Falcke, *Studien zum diplomatischen Geschenkwesen*, pp. 108–22; Wilfried Seipel, ed., *Bernstein für Thron und Altar: das Gold des Meeres in fürstlichen Kunst- und Schatzkammern*, exh. cat., Kunsthistorisches Museum, Vienna (Milan, 2005), pp. 76–84, cat. nos 53–61; Netzer, 'Bernsteingeschenke', pp. 233–5; and Winfried Baer, 'Ein Bernsteinstuhl für Kaiser Leopold I: ein Geschenk des Kurfürsten Friedrich Wilhelm von Brandenburg', *Jahrbuch der Kunsthistorischen Sammlungen in Wien*, LXXVIII (1982), pp. 91–138.

31 Joachim Müllner, *Drechsler-Kunst. Von Ihrem Uhrsprung Alterthum Wachsthum Aufnahm und hohen Nutzbarkeit* (Nuremberg, 1653). 作者的翻譯。

32 Kandt and Vogel, 'Christoph Maucher in Danzig'.

33 Seipel, ed., *Bernstein für Thron und Altar*, pp. 88–99, cat. nos 65–72.

34 Angelika Ehmer, *Die Maucher. Eine Kunsthandwerkerfamilie des 17. Jahrhunderts aus Schwäbisch Gmünd* (Schwäbisch Gmünd, 1992), pp. 21–7.

35 Jutta Kappel, 'Der grosse Bernsteinschrank', in *Bernsteinkunst aus dem Grünen Gewölbe*, ed. Jutta Kappel (Dresden, 2005), pp. 26–37. 作者的翻譯。

36 Norbert Wichard and Wilfried Wichard, 'Nathanael Sendel (1686–1757). Ein Wegbereiter der der paläobiologischen Bernsteinforschung', *Palaeodiversity*, I (2008), pp. 93–102.

37 Kerstin Hinrichs, 'Bernstein "das Preußische Gold" in Kunst- und Naturalienkammern und Museen des 16.–20. Jahrhunderts', PhD thesis, Humboldt University, Berlin, 2006, pp. 287–9.

38 同上，pp. 291–3.

39 Paul M. Barrett and Zerina Johanson, 'Myanmar Amber Fossils: A Legal as Well as Ethical Quagmire', www.nature.com, 27 October 2020.

40 Joshua Sokol, 'Troubled Treasure', www.sciencemag.org, 23 May 2019.

41 'On Burmese Amber and Fossil Repositories: SVP Members' Cooperation Requested!', www.vertpaleo.org, 21 April 2020. See also 'Further Information on Myanmar Amber Mining, Human Rights Violations, and Amber Trade', www.vertpaleo.org, 22 July 2020, and 'Further

Information on Myanmar Amber, Mining, Human Rights Violations, and Amber Trade', www.vertpaleo.org (August 2020). 文獻摘要與評論，參考 'Ethics, Science and Conflict in the Amber Mines', a special edition of the *Journal of Applied Ethical Mining of Natural Resources and Paleontology (PMF Journal)*, I (2020). 亦參考媒體報導 Lucas Joel, 'Some Palaeontologists Seek Halt to Myanmar Amber Fossil Research', www.nytimes.com, 11 March 2020; Graham Lawton, 'Blood Amber', *New Scientist*, CCXLII (2019), pp. 38–43. 反駁意見可見於 George Poinar and Sieghard Ellenberger, 'Burmese Amber Fossils, Mining, Sales and Profits', *Geoconservation Research*, III/1 (2020) pp. 12–16.

42 Marvin T. Smith, Elizabeth Graham and David M. Pendergast, 'European Beads from Spanish-Colonial Lamanai and Tipu, Belize', *BEADS: Journal of the Society of Bead Researchers*, VI/6 (1994), pp. 55–60.

43 Samuel Meredith Wilson, *Hispaniola: Caribbean Chiefdoms in the Age of Columbus* (Tuscaloosa, AL, 1990), p. 65. Gisela Reineking von Bock, *Bernstein, das Gold der Ostsee* (Munich, 1981), p. 14.

44 參考書目，參考 Manuel A. Iturralde-Vinent and Ross D. E. Macphee, 'Remarks on the Age of Dominican Amber', *Palaeoentomology*, II/3 (2019), pp. 236–40.

45 Johann Heinrich Zedler, *Grosses vollständiges Universal Lexicon aller Wissenschafften und Künste*, vol. XIV: *Indianischer Bornstein* (Halle and Leipzig, 1739).

46 Paul Wheatley, *The Golden Khersonese: Studies in the Historical Geography of the Malay Penninsula before* A.D. 1500 (Kuala Lumpur, 1961), p. 322.

47. Carl Walrond, 'Kauri Gum and Gum Digging', in *Te Ara: The Encyclopedia of New Zealand*, www.teara.govt.nz.

48 轉載於 Otto Pelka, 'Die Meister der Bernsteinkunst', in *Anzeiger und Mitteilungen des Germanischen Nationalmuseums in Nürnberg* (Leipzig, 1918), p. 116. 作者的翻譯。

49 'International Palaeoentomological Society Statement', *Palaeoentomology*, III/3 (2020), pp. 221–2.

參考資料

Aurifaber, Andreas, Succini historia. Ein kurtzer: gründlicher Bericht woher der Agtstein oder Börnstein ursprünglich komme (Königsberg, 1551)

Bandy, M. C., and J. A. Bandy, trans., *Georgius Agricola: De natura fossilium (Textbook of Mineralogy)* (New York, 1955)

Beck, C. W., and Stephen Shennan, *Amber in Prehistoric Britain* (Oxford, 1991) Bock, Friedrich Samuel, *Versuch einer kurzen Naturgeschichte des Preußischen*

Bernsteins und einer neuen wahrscheinlichen Erklärung seines Ursprunges (Königsberg, 1767)

Causey, Faya, *Amber and the Ancient World* (Los Angeles, ca, 2012)

——, *Ancient Carved Ambers in the J. Paul Getty Museum* (Los Angeles, ca, 2012), epub 2nd edn, www.getty.edu

Eichholz, D. E., trans., *Pliny: Natural History*, Loeb Classical Library (London and Cambridge, ma, 1962)

Erichson, Ulf, ed., *Die Staatliche Bernstein-Manufaktur Königsberg: 1926–1945* (Ribnitz-Damgarten, 1998)

'Ethics, Science and Conflict in the Amber Mines', a special edition of the *Journal of Applied Ethical Mining of Natural Resources and Paleontology (pmf Journal)*, i (2020)

Falabella, Rosanna, 'Imitation Amber Beads of Phenolic Resin from the African Trade', *beads: Journal of the Society of Beads Researchers*, xxviii (2016), pp. 3–15

Falcke, Jeanette, *Studien zum diplomatischen Geschenkwesen am brandenburgisch- preußischen Hof im 17. und 18. Jahrhundert* (Berlin, 2006)

Fraquet, Helen, *Amber* (London, 1987)

Ganzelewski, M., and R. Slotta, eds, *Bernstein. Tränen der Götter*, exh. cat., Deutsches Bergbau-Museum (Bochum, 1996)

Göbel, Severin, Sr, *Historj vnd Eigendtlicher bericht von herkommen ursprung und vielfeltigen brauch des Börnsteins* (Königsberg, 1566)

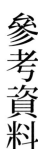

Grimaldi, David A., *Amber: Window to the Past* (New York, 1996)

——, et al., 'Forgeries of Fossils in "Amber": History, Identification and Case Studies', *Curator*, xxxvii (1994), pp. 251–74

Hinrichs, Kerstin, 'Bernstein "das Preußische Gold" in Kunst- und Naturalienkammern und Museen des 16.–20. Jahrhunderts', PhD thesis, Humboldt University, Berlin, 2006

Iturralde-Vinent, Manuel A., and Ross D. E. Macphee, 'Remarks on the Age of Dominican Amber', *Palaeoentomology*, ii/3 (2019), pp. 236–40

Kappel, Jutta, ed., *Bernsteinkunst aus dem Grünen Gewölbe* (Dresden, 2005)

King, Rachel, 'Bernstein. Ein deutscher Werkstoff ?', in *Ding, Ding, Ting: Objets médiateurs de culture, espaces germanophone, néerlandophone et nordique*, ed. Kim Andringa et al. (Paris, 2016), pp. 101–20

——, 'Collecting Nature within Nature: Animal Inclusions in Amber in Early Modern Collections', in *Collecting Nature*, ed. Andrea Gáldy and Sylvia Heudecker (Newcastle upon Tyne, 2014), pp. 1–18

——, 'Rethinking "the Oldest Surviving Amber in the West"', *Burlington Magazine*, clv/1328 (2013), pp. 756–63

——, '"To Counterfeit Such Precious Stones as You Desire": Amber and Amber Imitations in Early Modern Europe', in *Fälschung, Plagiat, Kopie: künstlerische Praktiken in der Vormoderne*, ed. Birgit Ulrike Münch (Petersburg, 2014), pp. 87–97

Langenheim, Jean H., *Plant Resins, Chemistry, Evolution, Ecology, and Ethnobotany* (Portland, or, 2003)

Laufer, Berthold, *Historical Jottings on Amber in Asia: Memoirs of the American Anthropological Association* (Lancaster, pa, 1907), vol. i, part 3

Lowe, Lynneth S., 'Amber from Chiapas: A Gem with History', *Voices of Mexico*, xviii/72 (2005), pp. 49–53

Maran, Joseph, 'Bright as the Sun: The Appropriation of Amber Objects in Mycenaean Greece', in *Mobility, Meaning and the Transformations of Things*, ed. Hans Peter Hahn and Hadas Weiss (Oxford and Oakville, ct, 2013), pp. 147–69

Mierzwińska, Elżbieta, *The Great Book of Amber* (Malbork, 2002) Mukerjee, Anna J., et al., 'The Qatna Lion: Scientific Confirmation of Baltic Amber in Late Bronze Age Syria', *Antiquity*, lxxxii (2008), pp. 49–59 Nava, Maria Luisa, and Antonio Salerno, eds, *Ambre: trasparenze dall'antico*, exh. cat., Museo archaeologico nazionale, Naples (Milan, 2007)

Netzer, Susanne, 'Bernsteingeschenke in der Preussischen Diplomatie des 17. Jahrhunderts', *Jahrbuch der Berliner Museen*, xxxv (1993), Orsini, Beatrice, ed., *Le lacrime delle ninfe. Tesori d'ambra nei musei dell'Emilia- Romagna* (Bologna, 2010)

Pastorelli, Gianluca, 'Archaeological Baltic Amber: Degradation Mechanisms and Conservation Measures', PhD thesis, University of Bologna, 2009

Penney, David, and David I. Green, *Fossils in Amber: Remarkable Snapshots of Prehistoric Fossil Life* (Manchester, 2011)

Penney, David, ed., *Biodiversity of Fossils in Amber from the Major World Deposits* (Manchester, 2010)

Poinar, George, and Roberta Poinar, *The Amber Forest: A Reconstruction of a Vanished World* (Princeton, nj, 1999)

——, *The Quest for Life in Amber* (Reading, ma, 1994)

——, *What Bugged the Dinosaurs? Insects, Disease and Death in the Cretaceous* (Princeton, nj, 2009)

Reineking von Bock, Gisela, *Bernstein, das Gold der Ostsee* (Munich, 1981)

Riddle, John M., 'Amber: An Historical-Etymological Problem', in *Laudatores temporis acti: Studies in Memory of Wallace Everett Caldwell*, ed. Gyles Mary Francis and Davis Eugene Wood (Chapel Hill, nc, 1964), pp. 110–20

——, 'Amber and Ambergris in Materia Medica during Antiquity and the Middle Ages', PhD thesis, University of Carolina, 1965

——, 'Pomum ambrae: Amber and Ambergris in Plague Remedies', *Sudhoffs Archiv für Geschichte der Medizin und der Naturwissenschaften*, xlviii/2 (1964), pp. 111–22 Rippa, Alessandro, and Yi Yang, 'The Amber Road: Cross-Border Trade and the Regulation of the Burmite Market in Tengchong, Yunnan', *trans: Trans-Regional and -National Studies of Southeast Asia*, v/2 (2017),

Rohde, Alfred, *Bernstein: Ein deutscher Werkstoff. Seine künstlerische Verarbeitung vom Mittelalter bis zum 18. Jahrhundert* (Berlin, 1937)

Ross, Andrew, *Amber: The Natural Time Capsule*, 2nd edn (London, 2010)

——, and Alison Sheridan, *Amazing Amber* (Edinburgh, 2013)

Santiago-Blay, Jorge A., and Joseph B. Lambert, 'Amber's Botanical Origins Revealed', *American Scientist*, xcv/2 (2007), pp. 150–57

Scott-Clark, C., and A. Levy, *The Amber Room: The Fate of the World's Greatest Lost Treasure* (New York, 2004)

Seipel, Wilfried, ed., *Bernstein für Thron und Altar: das Gold des Meeres in fürstlichen Kunst- und Schatzkammern*, exh. cat., Kunsthistorisches Museum, Vienna (Milan, 2005)

Serpico, Margaret, 'Resins, Amber and Bitumen', in *Ancient Egyptian Materials and Technology*, ed. P. T. Nicholson and I. Shaw (Cambridge, 2000), pp. 430–74

Smirnov, R., and E. Petrova, trans., *The Baltic Amber from the Collection in the State Hermitage Museum* (St Petersburg, 2007)

So, Jenny F., 'Scented Trails: Amber as Aromatic in Medieval China', *Journal of the Royal Asiatic Society*, xxiii/1 (2013), pp. 85–101

Sun, Zhixin Jason, 'Carved Ambers in the Collection of the Metropolitan Museum of Art', *Arts of Asia*, xlix/2 (2019), pp. 70–77

Till, Barry, *Soul of the Tiger: Chinese Amber Carvings from the Reif Collection* (Victoria, bc, 1999)

Trusted, Marjorie, *Catalogue of European Ambers in the Victoria and Albert Museum* (London, 1985)

Vávra, Norbert, 'The Chemistry of Amber – Facts, Findings and Opinions', *Ann. Naturhist. Mus. Wien*, cxi (2009), pp. 445–74

Veil, Stephen, et al., 'A 14,000-Year-Old Amber Elk and the Origins of Northern European Art', *Antiquity*, lxxxiii/333 (2012), pp. 660–73

Volchetskaya, T. S., H. M. Malevski and N. A. Rener, 'The Amber Industry: Development, Challenges and Combating Amber Trafficking in the Baltic Region', *Baltic Region*, ix/4 (2017), pp. 87–96

Xiaodong Xu, 中國古代琥珀藝術 (*Zhongguo gu dai hu po yi shu/Chinese Ancient Amber Art*) (Beijing, 2011)

Zherikhin, V. V., and A. Ross, 'A Review of the History, Geology and Age of Burmese Amber (Burmite)', *Bulletin of the Natural History Museum, London (Geology)*, lvi (2000), pp. 3–10

誌謝

我想感謝 Michael Leaman 與 Reaktion Books 出版社委託我撰寫本書，並體諒我在寫作過程面臨的挑戰——尤其是兩次遇上博物館重新開發計畫、幾次國際搬家、家庭成員增加與大流行病。Alex Ciobanu、Phoebe Colley 與其他團隊成員都慷慨付出時間，提供專業知識。我衷心感謝 Jill Cook 博士與本書的匿名讀者，感謝他們的慷慨賜教與深刻見解。當然，書中的所有錯誤我責無旁貸。

非常感謝 Suzanne B. Butters，她極大程度影響了我處理這個主題的方式，令人遺憾的是，她未能等到本書付梓出版便已離世。還要感謝 Tom Rasmussen、David O'Conner 與 Luca Mola，他們都目睹了這項研究的起始階段。Donal Cooper 與 Anne Matchette 鼓勵我投入這個領域，這些年來，我得到許多人的支持與鼓勵，在此無法一一列舉。我非常感謝 Iris Bauermeister、Cristina Cappellari、Faya Causey、Benoît Chauvin、Jill Cook、Spyros Dendrinos、Christopher Duffin、Godfrey Evans、Sarah Faulks、Alexandra Green、J. D. Hill、J. L. King、S. J. King、Aleksandra Lipińska、Irina Polyakova、Ewa Rachoń、James Robinson、Andrew Ross、Judy Rudoe、Susan Russell、Anna Sobecka、Eva Stamoulou、Holly Trusted、Julia

Weber 與 Erik Wegerhoff。我還要感謝柏林、波士頓、愛丁堡、佛羅倫斯、格但斯克、格拉斯哥、卡塞爾、加里寧格勒、倫敦、曼徹斯特、慕尼黑、紐約與羅馬等地的博物館同事與同業，以及這些城市圖書館與檔案館的工作人員。許曉東在疫情期間慷慨寄送了她研究成果的掃描檔案。我有機會在會議、研討會與講習驗證我的想法。一些報告後來得以發表，我想對所有曾經傾聽、評論、校正與幫助我發展想法的人表示感謝。這本書的背後是超過十五年對琥珀這個主題的思考。

非常感謝我才華洋溢的同事 Craig Williams 為本書繪製插圖。我也很感謝許多博物館、拍賣行、大學與照片圖庫的專業人員，在我申請圖像與圖像使用許可時提供協助。我也想對分享個人收藏圖像、提供建議，並替我建立聯繫的人表示感謝，最重要的包括 Jörn Barfod、Alex Ciobanu、Sarah Davis、Richard Evershed、Rosanna Falabella、Zuzana Francová、Yale Goldman、Stephen Hanson、Herman Hermsen、Michał Kosior、Alistair Mackie、Carlos Odriozola、Peter Pfaelzner、Irina Polyakova、Jan Rogalo、Iona Shepherd、Małgosia Siudak、Anna Sobecka、Elena Strukova、Lore Troalen 與 Astrid Ubbink。

本書研究獲得藝術暨人文研究委員會、柏林議會研究基金會、羅馬英國學校、文藝復興研究學會與大英博物館學術出版基金會的慷慨支持。

最後，我也要感謝我的家人和朋友對我的包容。

圖片版權

作者與出版社希望感謝以下圖片素材與／或轉載的同意：

Alamy Stock Photo: 16 (incamerastock), 30 and 31 (Artokoloro), 69 (Rupert Sagar- Musgrave), 78 (Arterra Picture Library/ Marica van der Meer), 85 (Karsten Eggert), 91 (dpa Picture Alliance Archive); © ArtSzok Tomasz Pisanko, Gdańsk: 74; © Ming Bai, Chinese Academy of Sciences (cas), Beijing: 7, 53, 54; Bayerisches Nationalmuseum, Munich, photos © Bayerisches Nationalmuseum: 15 (Inv.-Nr. r 2757; photo Marianne Stöckmann), 75 (Inv.-Nr. ma 2478); photo Muriel Bendel (cc by-sa 4.0): 11; photo Francesco Bini/Sailko (cc by 3.0): 14; © Bodleian Libraries, University of Oxford (cc by-nc 4.0): 102 (ms Arch. Selden. a. 1, fol. 47r); photo © bpk: 57; from Georg Braun and Franz Hogenberg, *Civitates orbis terrarum*, vol. ii (Cologne, 1575), photo © The National Library of Israel, Jerusalem (The Eran Laor Cartographic Collection, Shapell Family Digitization Project and The Hebrew University of Jerusalem, Department of Geography – Historic Cities Research Project): 39; Burgerbibliothek, Bern, photo Codices Electronici ag/www.e-codices.ch (cc by-nc 4.0): 34 (Mss.h.h.i.1, p. 304); from Johann Amos Comenius, *Orbis sensualium pictus*, part ii (Nuremberg, 1754), photo Staatsbibliothek zu Berlin – Preußischer Kulturbesitz: 37 (b xvi, 7 r; http:// resolver. staatsbibliothek-berlin.de/sbb00019b6700000000); from H. Conwentz, *Monographie der baltischen Bernsteinbäume: vergleichende Untersuchungen über die Vegetationsorgane und Blüten . . .* (Gdańsk, 1890), photo Universitäts- und Landesbibliothek Münster: 10 (rb 245); © Cordy's Auctions, Auckland, New Zealand: 103; courtesy Rosanna Falabella: 70; photo Alex 'Florstein' Fedorov (cc by-sa 4.0): 93; Geheimes Staatsarchiv Preußischer Kulturbesitz, Berlin- Dahlem: 36 (xx. ha, Etatsministerium 16a 15, fol. 46); Geowissenschaftliche Museum der Universität Göttingen, photo © gzg Museum/G. Hundertmark: 23 (gzg.bst.10002 [old no. 58-002]); from Conrad Gessner, *De rerum fossilium, lapidum et gemmarum maximè, figuris & similitudinibus liber* (Zürich, 1565), photo Zentralbibliothek, Zürich (ff 1264; https://doi.org/10.3931/e-rara-4176): 49; photo © Yale Goldman: 41; Grünes

Gewölbe, Staatliche Kunstsammlungen, Dresden, photo © bpk/Staatliche Kunstsammlungen Dresden/Jürgen Karpinski: 67 (iii 88 ii/1); from Christoph Hartknoch, *Alt- und Neues Preussen Oder Preussischer Historien Zwey Theile, in derer erstem von desz Landes vorjähriger Gelegenheit und Nahmen* . . . (Frankfurt and Leipzig, 1684), photo Elbląska Biblioteka Cyfrowa, Elbląg (Pol.7.iii.69): 9; from Philipp Jacob Hartmann, *Succini Prussici Physica & civilis historia: cum demonstratione ex autopsia & intimiori rerum experientia deducta* (Frankfurt, 1677), photos Zentralbibliothek, Zürich (ng 1909; https://doi.org/10.3931/e-rara-30618): 35, 40; from Daniel Hermann, *De Rana et Lacerta* (Krakow, 1583), photo Sächsische Landesbibliothek – Staats- und Universitätsbibliothek (slub), Dresden (Lit.Lat.rec.a.380, misc. 23; http://digital. slub-dresden.de/id428250165): 52; courtesy Heritage Auctions, ha.com: 73; © Herman Hermsen: 56; © Hofer Antikschmuck, Berlin: 55; The Israel Museum, Jerusalem, photo © The Israel Museum/Yair Hovav: 95 (received through jrso (Jewish Restitution Successor Organisation), Wiesbaden collecting point number 5428, b50.02.1315 149/074); The J. Paul Getty Museum, Los Angeles: 90; photo © Kaliningrad Regional Amber Museum: 46 (km я 1 No. 4210); Det Kongelige Bibliotek, Copenhagen: 19 (gks 1633 4o, fol. 6r); © Michał Kosior, Amber Experts, Gdańsk: 1; Kunsthalle zu Kiel, photo © Kunsthalle zu Kiel/Sönke Ehlert: 62 (Inv.- Nr. 239); Kunsthistorisches Museum, Vienna, photo © khm-Museumsverband: 77 (Schatzkammer, Kap 274); Kupferstichkabinett, Staatliche Museen zu Berlin, photo © bpk/ Kupferstichkabinett, smb/Jörg P. Anders: 98 (Inv.-Nr. 3135); courtesy Landesamt für Denkmalpflege im Regierungspräsidium Stuttgart: 27; Library of Congress, Prints and Photographs Division, Washington, dc: 94; © Alastair Mackie, courtesy of rs&a and All Visual Arts, London: 89; photo Ludmila Maslova (cc by-sa 4.0): 43; The Metropolitan Museum of Art, New York: 26, 59, 104; Musée du Louvre, Paris, photo © rmn-Grand Palais (musée du Louvre)/ Daniel Arnaudet: 66 (oa7071); Museum für Naturkunde, Berlin, photos © bpk/ Museum für Naturkunde/Carola Radke: 51, 101; Museum Het Valkhof, Nijmegen, photo © Museum Het Valkhof: 20 (pdb.1988.7.ulp.1982.411.la); Museum of Fine Arts, Boston, photos © 2022 Museum of Fine Arts, Boston: 63 (bequest of William Arnold Buffum, 02.224), 71 (bequest of William Arnold Buffum, 02.91); Museumslandschaft Hessen Kassel, photos © Museumslandschaft Hessen Kassel: 84 (Inv.-Nr. kp b vi/i.53), 97 (Inv.-Nr. kp b vi/i.14); Muzeum Bursztynu – Muzeum Gdańska, photo © Muzeum Gdańska/M. Jabłoński: 48 (acquired with the support of the Kronenberg Foundation Citi Handlowy, mhmg/b/108); Múzeum mesta Bratislavy, photo © mmb/Ľudmila Mišurová: 76 (Inv. No. f-355); Nationalmuseet, Copenhagen (cc by-sa 4.0), photos Roberto Fortuna and Kira Ursem: 21 (a48088), 25 (b1482); Nationalmuseet, Copenhagen (cc by-sa 4.0), photo Arnold Mikkelsen: 22(a54499);©NationalMuseumsScotland:32(x.fc.8);©CarlosP.Odriozolaand José Ángel Garrido Cordero: 44; © Die Österreichische Bernsteinstraße: 29; from Johann Posthius, *Germershemii Tetrasticha in Ovidii Metam. lib.* xv . . . (Frankfurt, 1563), photos Getty Research Institute, Los Angeles: 12, 13; photo S. Rae (cc by 2.0): 3; Luisa Ricciarini/Bridgeman Images: 17;

Rijksmuseum, Amsterdam: 92 (sk-a-4298); Rosenborg Castle – The Royal Danish Collection, Copenhagen: 79; Royal Collection Trust/© Her Majesty Queen Elizabeth ii 2022: 65 (rcin 70715, 70716); © Royal Saskatchewan Museum (rsm), Regina/photo R.C. McKellar: 6; from Wilhelm Runge, *Der Bernstein in Ostpreussen: Zwei Vorträge* (Berlin, 1868), photo Biblioteka Uniwersytecka w Toruniu, Toruń (09624/55-56): 38; photo © Jan Rygało, reproduced with permission of the artist: 88; © Science Museum/Science & Society Picture Library, all rights reserved: 58; from Nathanael Sendel, *Historia succinorum corpora aliena involventium et naturae opere pictorum et caelatorum* (Leipzig, 1742), photo Gemological Institute of America (gia) Library, Carlsbad, ca: 45; Shōsō-in Treasure, Tōdai-ji Temple, Nara, photo © Shōsō-in Treasure House, Nara/Imperial Household Agency, Tokyo: 100 (North Section 42); courtesy Siegelson, New York: 61; courtesy Skinner, Inc, www.skinnerinc.com: 60; private collection, courtesy Sotheby's: 64; © Marc Steinmetz/visum: 24; Stiftung Preußische Schlösser und Gärten Berlin-Brandenburg, photo © bpk/spsg Berlin- Brandenburg/ Wolfgang Pfauder: 96 (Inv.-Nr. viii 1277); photo © Elena Strukova: 33; Tesoro dei Granduchi (formerly Museo degli Argenti), Palazzo Pitti, Florence, photo akg-images/Rabatti & Domingie: 87 (Inv. No. 158); Tesoro dei Granduchi, Palazzo Pitti, Florence, photos © Gabinetto Fotografico delle Gallerie degli Uffizi: 68 (photo Antonio Quattrone), 82 (Inv. Bg. 1917 no. 94); Tesoro dei Granduchi, Palazzo Pitti, Florence, photos © 2022 Scala, Florence – courtesy of the Ministero Beni e Att. Culturali e del Turismo: 81 (Inv. Bg. 1917 no. 75), 83 (Inv. Bg. 1917 (i) no. 95); from Emil Treptow, Fritz Wüst and Wilhelm Borchers, *Bergbau und Hüttenwesen: Für weitere Kreise dargestellt* (Leipzig, 1900), photo Biblioteka Główna Akademii Górniczo-Hutniczej (agh), Krakow: 42; © Dr Lore Troalen: 5; © The Trustees of the British Museum, London: 8; Veneranda Biblioteca Ambrosiana, Milan, photo © Veneranda Biblioteca Ambrosiana/Mondadori Portfolio Fotoriproduzione: 50 (ms z 389 sup., fol. 32r); © Victoria and Albert Museum, London: 72 (m.12 to b-1950), 80 (a.11-1950), 99 (a.61-1925); © Craig Williams: 2, 4, 28, 47; Würth Collection, Germany, photo © Philipp Schönborn, Munich: 86 (Inv. 4098); from Martin Zeiller, *Topographia electorat, Brandenburgici et ducatus Pomeraniæ . . .* (Frankfurt, 1652), photo Getty Research Institute, Los Angeles: 18.

名詞對照表

A

Abalus island 阿巴魯斯島
accessories 飾品
　artillery cannon 火砲
　automata 自動機械裝置
　cutlery and bladed weapons 餐具與刀刃
　grips and handles 握把與手柄
　plates and tableware 盤子與食具
　Torah pointer with Hebrew inscription (20th century) 刻有希伯來文字的猶太律法書指針（20 世紀）
　walking canes and parasols 手杖與洋傘
　winding machine (Paul Morthurst, London) 繞線機(保羅・莫瑟斯特，倫敦)
　wine fountain (Königsberg, c. 1610) 葡萄酒噴泉（柯尼斯堡，約 1610 年）
Aesti people 埃斯蒂人
Africa 非洲
　beads and amber objects, use of 琥珀珠與琥珀物件的用途
　currency and non-monetary exchange 貨幣與非貨幣交換
　enslaved persons, trade and exchange 奴隸貿易
　hair decoration and jewellery 髮飾與首飾
　imitations and fakes, and amber substitutes 琥珀仿製品與贗品，以及琥珀替代品
age and dating 年齡與年代確定
Albrecht of Hohenzollern 霍亨索倫的阿爾布雷希特
amber forests 琥珀森林
Amber Masters 琥珀師
amber oil 琥珀油
Amber Room, the (Catherine Palace of Tsarskoye Selo, Russia) 琥珀廳（俄羅斯沙皇村的葉卡捷琳娜宮）
　Second World War and removal of/damage 第二次世界大戰與拆除／損毀
Amber Worker's Workshop, The (von Krogh, Charlotte, 1909)《琥珀工人的作坊》（夏洛特・馮・克羅，1909 年）
Ambergris 龍涎香
amuletic protection 護身符
Andrians, The (Titian)《酒神祭》（提香）
art and sculpture 藝術與雕塑
　China, ancient period 中國古代
　decorative markings and symbols, and interpretation of 裝飾性斑紋與符號，以及解釋
　earliest evidence of 最早的證據
　Morgan Amber (fibula), Etruria, c. 500 bce 伊特魯里亞的摩根琥珀（扣衣針），約公元前 500 年
　non-religious traditions, and development of 非宗教傳統與其發展
　religious objects, and use of amber 宗教物品與琥珀的運用
　Sanxingdui culture 三星堆文化
　Schwarzort (Juodkrante), Lithuania, figures and forms from 立陶宛史瓦佐特（朱德克蘭特）的人形雕件
Ashmole, Elias 伊萊亞斯・阿什莫爾
Association for the Utilization of Amber in the Applied Arts 琥珀應用藝術協會
Aurensan Caves (Pyrenees, France) 奧朗桑洞穴（法國庇里牛斯山）
Austeravia 奧斯特拉維亞
automata 自動機械裝置

B

Bacchantin at Rest (Duquesnoy, François, 1625)《休息中的酒神女祭司》（法蘭索瓦・杜克斯諾伊，1625 年）
Baltic amber 波羅的海琥珀
　beads, finds of 考古挖掘出土的波羅的海琥珀珠
　China, and use of 中國的波羅的海琥珀珠與其用途
　Danzig, trading port 旦澤為貿易港口
　discoveries and recovery of 發現與採集
　early theories on source and origin of 有關出處與來源的早期理論
　games and gaming pieces 遊戲與棋子
　Great Migration period (Europe), consumption of（歐洲）大遷徙時期的琥珀消耗
　illegal extraction and trafficking 非法開採與販運
　inclusions 內含物
　Jaski family (merchants) 賈斯基家族（商人）
　Kaliningrad finds and Amber Combine 加里寧格勒的發現與琥珀聯合公司
　maps and charts, location of 地圖與海圖的位置
　mining 採礦
　Near East, finds from 近東地區的發現
　Poland, collecting methods and trading of 波蘭的琥珀採集方式與琥珀貿易
　Primorskoje mine (Kaliningrad, Russia) 濱海邊疆區礦場（俄羅斯加里寧格勒）
　Schimmel layer 希梅爾、乳白黴菌層
　succinite, and analysis of 琥珀色鈣鋁榴石與其分析
　Teutonic Knights, and use of 條頓騎士團與其使用
　tourism, and links to 旅遊業與其連結
　trading and sale rights 交易與銷售權

C

G

H

D

E

F

各界讚譽

幾千年來，琥珀始終讓人著迷。瑞秋・金的這本《琥珀之書》深入調查了琥珀的起源和歷史，並探索過去和今日有關它的神話與用途。琥珀被許多令人驚歎的物件華麗地展示著，任何對這種神奇物質感興趣的人，都少不了這本書。

——Andrew Ross／蘇格蘭國家博物館古生物學首席策展人

在本書中，讀者可以用愉快的心來了解流行且用途廣泛的化石樹脂——琥珀。瑞秋・金以既完美又輕鬆的方式揭開琥珀的不同歷史，以她清晰易懂的風格吸引著讀者。她的書寫方法非常博學，從鮮為人知的永久性資料、歷史文本和科學論文中收集到的晦澀資訊片段編織出整個敘事。如此結果，造就一本激勵人心、插圖精美且具權威性的寶石小傳。

——Chris Duffin／倫敦自然歷史博物館科學助理研究員，《醫學史上的琥珀》（*Amber in the History of Medicine*）編輯

從第一頁開始就非常可讀且引人入勝，相當必備。在這本插圖精美的著作中，讀者可以了解到

琥珀作為史前樹種樹脂的種種及其深層地質來源，還有自舊石器時代至今人類使用它的非凡歷史，令人為之振奮。琥珀的陽光般的質地、非凡的動植物成分、天然磁性、氣味和美麗，都使其成為全球飾品、魔法和醫學等領域中既神奇又備受追捧的物質。從古代文學到當代攝影，本書的參考資料和圖像，皆記錄琥珀的吸引力和受歡迎程度。

——Faya Causey／《琥珀與古代世界》（*Amber and the Ancient World*）作者

這本《琥珀之書：傳承萬物記憶、透視歷史風貌的永恆傳奇》相當優秀，以全面的視角展現琥珀這個人類史上最古老的裝飾用「石頭」。本書是目前為止關於這種神奇寶石歷史的最佳當代專著，有趣的資訊和通俗易懂的語言，都使人讀了欲罷不能。強烈推薦。

——Micha・Kosior／琥珀專家（Amber Experts）創始人

這本豐富的圖文書描繪了琥珀長久吸引人類感官的魅力，以及其對神話、宗教、政治、科學和藝術等領域的深遠影響。科學和技術為此提供了必要的背景提要，瑞秋・金將她的研究羅織成分明的章節，追蹤精心設計的靈光，並把一系列令人印象深刻的歷史和現代資料做結合，主重歐洲，但也包括亞洲、非洲與美洲。瑞秋用這本書，展示了分享難忘故事的獨門訣竅！

——《書單雜誌》（*Booklist*）

琥珀之書

傳承萬物記憶、透視歷史風貌的永恒傳奇

原 書 名／Amber: From Antiquity to Eternity
作 者／瑞秋・金 Rachel King
譯 者／林潔盈
特約編輯／魏嘉儀

總 編 輯／王秀婷
責任編輯／郭羽漫
校 對／陳佳欣
業務行政／羅仔伶

發 行 人／凃玉雲
出 版／積木文化
104 台北市民生東路二段 141 號 5 樓
電話：(02)2500-7696 傳真：(02)2500-1953
官方部落格：http://cubepress.com.tw
讀者服務信箱：service_cube@hmg.com.tw

發 行／英屬蓋曼群島商家庭傳媒股份有限公司城邦分公司
台北市民生東路二段 141 號 2 樓
讀者服務專線：(02)25007718-9
24 小時傳真專線：(02)25001990-1
服務時間：週一至週五 09:30-12:00、13:30-17:00
郵撥：19863813 戶名：書虫股份有限公司
網站 城邦讀書花園｜網址：www.cite.com.tw

香港發行所／城邦（香港）出版集團有限公司
香港灣仔駱克道 193 號東超商業中心 1 樓
電話：+852-25086231 傳真：+852-25789337
電子信箱：hkcite@biznetvigator.com

馬新發行所／城邦（馬新）出版集團 Cite (M) Sdn Bhd
41, Jalan Radin Anum, Bandar Baru Sri Petaling, 57000 Kuala Lumpur, Malaysia.
電話：(603)90563833 傳真：(603) 90576622
電子信箱：service@cite.com.my

封面設計／ PURE
內頁排版／薛美惠
製版印刷／上晴彩色印刷製版有限公司

【印刷版】
2023 年 8 月 31 日 初版一刷
售 價／ 750 元
ISBN ／ 978-986-459-516-7

【電子版】
2023 年 8 月
ISBN ／ 978-986-459-517-4（EPUB）

Printed in Taiwan.

琥珀之書：傳承萬物記憶 透視歷史風貌的永恆傳奇 / 瑞秋 . 金 (Rachel King) 著；林潔盈譯 . -- 初版 . -- 臺北市：積木文化出版：英屬蓋曼群島商家庭傳媒股份有限公司城邦分公司發行 , 2023.08
面； 公分 .
譯自：Amber : from antiquity to eternity
ISBN 978-986-459-516-7（平裝）
1.CST: 琥珀 2.CST: 古生物 3.CST: 化石
359.49 112012495